Ludwig Hempel

Einführung in die Physiogeograpie
Klimageographie

Wissenschaftliche Paperbacks
Geographie
Herausgegeben von E. MEYNEN

Franz Steiner Verlag GmbH · Wiesbaden 1974

Ludwig Hempel

Einführung in die Physiogeographie

Klimageographie

Franz Steiner Verlag GmbH · Wiesbaden 1974

ISBN 3-515-01791-7

 · Gesamtherstellung: Werk- und Feindruckerei Dr. A. Krebs, Hemsbach/Bergstr.
Printed in Germany

Vorwort

Breite und Dichte der geographischen Beziehungsgeflechte haben Dimensionen angenommen,daß einem Studienanfänger Einstieg und Übersicht erschwert sind. Darüber hinaus enthalten die Lehrpläne der Schulen nur wenige Stunden, in denen physio- und anthropogeographische Grundlagen behandelt werden können. Gleichzeitig erfordert das Studium von Lehrbüchern der allgemeinen Geographie bei der Fülle und Qualität eine lange Zeit. Von dieser Notlage der Studierenden her gesehen, ist der Versuch zu entschuldigen, eine „Einführung in die Physiogeographie" in einer so kurzen Form vorzulegen. In diesem Versuch mußten zwei Spannungsfelder verflochten werden: Auswahl des Wichtigsten und Vollständigkeit naturwissenschaftlicher Beweisketten. So konnte insbesondere auf das umfangreiche Tabellenwerk nicht verzichtet werden. Damit war gleichzeitig die Möglichkeit gegeben, die Studierenden an Beispielen mit Tiefgang und Wegen exakter Arbeit vertraut zu machen.

Bei der Auswahl geeigneten Stoffes mußte von der Notwendigkeit ausgegangen werden, die Geographie, speziell die Physiogeographie als eine Wissenschaft von Verflechtungssystemen in verschiedenen Größenordnungen vorzustellen. Naturgemäß war das Bemühen groß, Fakten in weltweiter Sicht darzustellen. Bei den Beispielen sowohl für die analytischen Aussagen, als auch für die Raumbilder standen viele Möglichkeiten zur Verfügung. Jede Auswahl erfordert aber Verzicht. Konstruktive Kritik zur Verbesserung dieser Auswahl ist genauso willkommen, wie die Hinweise auf geeignete Literatur. Nur so kann eine Einführung ihren Hauptzweck erfüllen, richtige Wege zum Weiterstudium aufzuzeigen.

Die ursprünglich als ein Band vorgesehene Einführung wurde in mehrere Bände geteilt. Bei dieser Teilung stand nicht zuletzt auch der Gedanke des Verlages im Hintergrund, sowohl den Darstellungen der weit verzweigten Grenzlinien der Physiogeographie zu den benachbarten Naturwissenschaften einen gebührenden Raum zu geben, als auch die Möglichkeit zu haben, den Abbildungsteil nicht ungewöhnlich stark einengen zu müssen. Für dieses Entgegenkommen danke ich dem Verlag.

Der Band „Klimageographie" profitierte von der Erweiterung, indem die m.E. instruktivsten Beispiele von Klimaklassifikationen nicht nur in den Großeinheiten, etwa den Klimazonen, sondern auch bis zu den kleineren Einheiten entwickelt und erläutert werden konnten. Auch die Tabellenbeilage konnte auf den Umfang erweitert werden, der dem Spektrum klimageographischer Aussagen besser gerecht wird. Im übrigen wurde auf eine Reihe von Darstellungen klimatisch-meteorologischer Grundwerte im Weltkartenformat verzichtet. Die Vielzahl klimatologischer Hand- und Lehrbücher erlaubt es jedem Studierenden, ohne langes Suchen die entsprechenden Werte in regionaler und globaler Sicht zu finden.

Ludwig Hempel

Inhalt

Verzeichnis der Abbildungen

Die Abbildungen 13 und 14 wurden mit Genehmigung des Verlages W. de Gruyter, Berlin, und dem Verfasser Herrn Professor Dr. Dr. Blüthgen nachgedruckt aus: Lehrbuch der Allgemeinen Geographie, Band II, 1966.

Für alle anderen Abbildungen sind die kartographischen, statistischen und textlichen Urquellen oder Kombinationen von Urquellen und Umarbeitungen in dem Titel angeführt. Kleine Änderungen oder Übersetzungen sind nicht ausdrücklich angegeben worden.

Verzeichnis der Tabellen

Stellung und Aufgaben der Klimageographie

Angesichts einer für Lehre und Forschung so ausgezeichneten „Allgemeinen Klimageographie" von J. BLÜTHGEN mit einem Umfang von 720 Seiten und dem dort immer wieder betonten Hinweis auf den Zwang zur Beschränkung, scheint der Versuch einer Kurzfassung für eine Einführung in die Physische Geographie nahezu unrealistisch. Auch der Hinweis auf den Einführungscharakter dieses Buches tröstet den Verfasser wenig. Die Klimageographie hat weitgespannte Dimensionen (Erdoberfläche bis Atmosphäre), breite Datengrundlagen (Klimaelemente, Rechengänge), reich verzweigte und enge Kontakte zu den übrigen Naturelementen der Erde (Boden, Pflanze, Relief, Nutzung, Mensch), eine der größten Möglichkeiten zu geographischen Raumgliederungen und erlebt neuerdings durch eben erschlossene Hilfsmittel (Satelliten, Radiosonden) eine Datenflut aus bisher relativ unerforschten Bereichen.

Aber eben weil diese Position der Klimatologie im Lehr- und Forschungsgebäude der Geographie so zentral ist, muß ein solcher Versuch unternommen werden. Die Auswahl des Darzustellenden muß davon ausgehen, daß in der Klimageographie eine nicht durch Maßeinheiten belegte Andeutung auch bei einer Einführung keinen Sinn hat. Was ausgewählt wird, muß konsequent nicht nur in Worten, sondern auch in Zahlen so komplett wie notwendig vorgelegt werden. Mehr als in anderen Teildisziplinen der Physio- und Anthropogeographie muß daher die Zahl, der Rechengang, der Grenzwert u.a.m. im Mittelpunkt der Darstellung bleiben. Diese oft als ausdruckslos apostrophierte Aussage sollte durch Hinweise auf ihre geographische Bedeutung belebt werden.

Die letzte Aufgabe kann nur in Form von kurzen Bemerkungen erfüllt werden. In jedem Fall ist eine Darstellung zu wählen, die von den einzelnen Klimaelementen zu komplexen Einheiten führt. So gibt die Gliederung der Allgemeinen Klimageographie in einen analytischen Teil und einen synthetischen Teil das erste Gerüst für eine Stoffbehandlung. Der geographische Aussagewert der Einzelelemente, die später als differenzierende Gewichte wieder bei den höchsten Aussageformen der Klimatologie, den Klassifikationen, wiederkehren, muß von Elementgruppen aufgenommen und erstmals vielfältig verarbeitet werden. Zu den Elementgruppen und ihrer geographischen Bedeutung gehören neben den Einheiten der Synoptischen Klimageographie wie Druckkörper, Fronten, Wetterlagen und Transportformen der Luft auch solche, die klimatypische Differenzierungen erlauben wie Aridität und Humidität oder Maritimität und Kontinentalität. Innerhalb dieser Gruppe unterscheiden sich die klimatypisierenden von den synoptischen dadurch, daß die letzteren alle meteorologischen Einzelfaktoren, die ersteren nur einen Teil in ihre Aussage aufnehmen müssen.

Eine global geographisch entscheidende Zwischenbilanz, in der die Erkenntnisse und geformten Klimabausteine verwendet werden, ist die Klassifizierung der Zirkulationseinheiten der Erde. Mit einer solchen Ordnung kann man Raumdifferenzierungen durchführen und vor allem auch Typen bilden. Das führt zu Klimaklassifikationen. Freilich ist dieser Weg über die Zirkulation (genetische Klimaklassifikationen) noch nicht so gesichert wie jener über die Grundfaktoren (effektive Klimaklassifikationen).

1 Der Strahlungshaushalt und der Aufbau der Atmosphäre

Die atmosphärische Zirkulation – ob in tropischen oder außertropischen Bereichen – ist in ihren Initialvorgängen wie dem Luftmassenaustausch mittelbar oder unmittelbar von der Bestrahlung der Erde durch die Sonne abhängig. Aber nicht nur die Strahlung, die Wärme erzeugt, ist für den Naturhaushalt der Erde von Bedeutung. Auch die reinen Lichtenergien, die von der Sonne kommen, bestimmen wichtige Lebensvorgänge auf dem Land und im Meer.

11 Der Strahlungshaushalt

Die Strahlungsmenge, die am angenommenen Grenzsaum der Atmosphäre ankommt, beträgt zwischen 2,0 und 1,8 cal pro cm^2 und Minute. Sie wird die Solarkonstante genannt. Der Energieinhalt der Sonnenstrahlen erzeugt Wärme und Licht und unterhält photochemische Prozesse. Die größte Wärmeeinwirkung erfolgt im infraroten Wellenbereich (größer 0,7 μ), die stärkste Leuchtwirkung im gelben Bereich (um 0,6 μ) und das Maximum photochemischer Wirkung im ultravioletten (kleiner 0,4 μ). Auf dem Wege zur Erdoberfläche unterliegt diese Energie verschiedensten Einflüssen, die die Wellenlängengruppen unterschiedlich treffen. Aus der prozentualen Verteilung an der Atmosphärengrenze von ultraviolett 8 %, sichtbar 56 % und infrarot 36 % werden an der Erdoberfläche – je nach Auftreffwinkel um 1 – 2 % variierend – 2 %, 56 % und 42 %. Es erleiden also der Wärmeteil und der bioklimatische Teil des Spektrums die stärksten Einbußen.

Im Falle der Wärmestrahlung beeinflußt eine Gruppe von Faktoren Einstrahlung und Ausstrahlung (Abb. 1). Aus einer Reihe von Schätzungen bzw. Berechnungen kann man nach BLÜTHGEN (1966) folgende Werte einsetzen:

Totale Strahlungsenergie an Atmosphäre:				100 %
davon: Reflexion				42 %
	aus: Wolken			30 %
		diffus in Atmosphäre		7 %
		Erdoberfläche:	direkt	33 %
			diffus	2 %
	Energieaufnahme			58 %
	aus: direkt			27 %
		diffus:	Wolken	12 %
			Atmosphäre	4 %

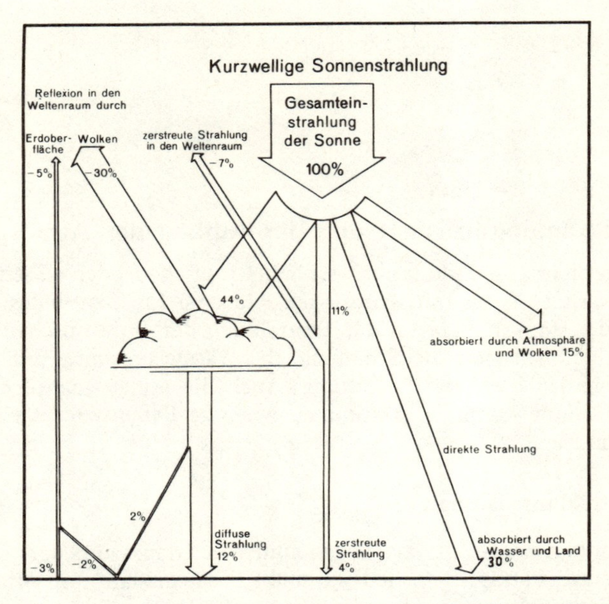

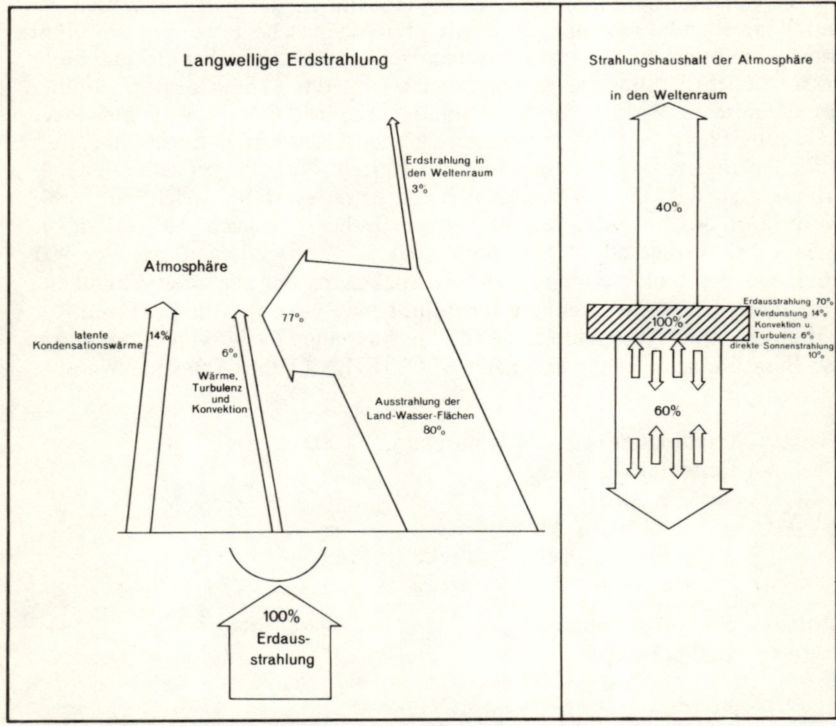

Abb. 1 Die Strahlungsbilanzen der Erde (nach HOUGHTON, zitiert in TREWARTHA, 1968)

Somit erreichen 15 % der Energie nicht die Erdoberfläche, sondern bleiben in der Atmosphäre. Zu dieser Energiemenge kommt noch die weitaus größere, die von der Ausstrahlung der Erde aus dem Langwellenteil des Spektrums herrührt. Setzt man alle Strahlungsvorgänge, die mit der Erde zusammenhängen, gleich 100, so entfallen

80 % auf die direkte Ausstrahlung von Land- und Wassermassen,
14 % auf latente Kondensationswärme und
6 % auf Konvektion und Turbulenz.

Von den 80 % direkter Ausstrahlung bleiben rund 95 % in der Atmosphäre, und 5 % gehen in den Weltraum weiter. Neben diesen absorbierten Energien der direkten Erdstrahlung (95 %) kommen die aus Verdunstung, Konvektion, Turbulenz und die aus der Sonneneinstrahlung. Sie verteilen sich in etwa folgender Größenordnung in der Atmosphäre:

Aus:		
	Erdausstrahlung von Land und Wasser:	70 %
	Verdunstung:	14 %
	Konvektion und Turbulenz:	6 %
	Sonneneinstrahlung:	10 %

Von diesen in der Atmosphäre absorbierten Wärmeenergien – 90 v.H. von der Erde, 10 v.H. von der Sonne – werden rund 60 % der Erde wieder auf dem Wege der Gegenstrahlung zurückgegeben. Der Rest von rund 40 % geht in den Weltraum als Ausstrahlung der Atmosphäre verloren.

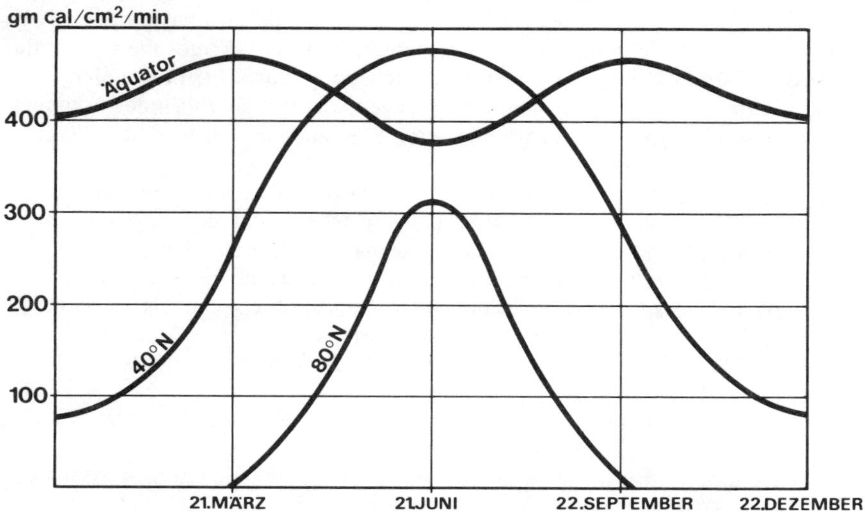

Abb. 2 Jährliche Schwankungen der Einstrahlungsenergien in verschiedenen Breitenkreisen (nach RUMNEY, 1968)

Träger der Absorption ist der Wasserdampf der Luft, der damit den lebensentscheidenden Schlüssel für den Wärmeenergiehaushalt der Erde darstellt. Schwankungen im Wasserdampfgehalt bedeuten gleichzeitig Dämpfung bzw. Förderung der Erdausstrahlung. Von daher gesehen können die oben angegebenen Zahlen nur Durchschnittswerte darstellen. Neben Unterschieden im Wassergehalt der Luft spielen die Einfallswinkel und damit Breitenkreislagen sowie die Stärke des Luftmassenaustausches (Konvektion, Turbulenz, Kondensation) eine differenzierende Rolle. In einem einfachen Schema (Abb. 2) wird die Abhängigkeit der Strahlungsmenge von Jahreszeit und Breitenkreislage deutlich, indem das enge Einstrahlungsvolumen der hohen Breiten (80°N), beschränkt auf den Sommer, dem zeitlich breiter ausladenden und energiereicheren der mittleren Breiten sowie dem gleichförmigen und kalorienreichen der Äquatorlagen gegenüber steht.

Dieses mehr als Grundschema gewonnene Bild wird durch die Unterschiede von Land und Meer nicht unbeträchtlich variiert. Bei einer globalen Verteilung der Strahlungsenergie pro Jahr auf der Erde (Abb. 3) liegen die Maximagebiete mit über 230 kcal/cm² im nördlichen Trockengürtel der Erde (Sahara, Arabien) bzw. mit 180 – 200 kcal/cm² auf der Südhalbkugel in der Kalahari und Australien. Die Wasserdampfarmut gegenüber den vom Einstrahlungswinkel begünstigten Innertropen schlägt hier durch. Nach kcal/cm² sind Teile in Äquatornähe (z.B. Gabun, Inneramazonien) schlechter versorgt als Präriegebiete Nordamerikas und Südfrankreich.

Der wohl entscheidendste Strahlungseffekt für das Klima und den Lebenshaushalt der Erde geht von der Glashauswirkung der Atmosphäre aus. Bei einem Überblick über die ein- und ausgehenden sowie verbleibenden Energien, aufgeschlüsselt nach den Wellenlängen, kann man folgendes erkennen:

1. Der größte Teil der nichtreflektierten Sonnenstrahlung geht durch die Atmosphäre unmittelbar oder verstreut zur Erde.
2. Diese durchgehende Energie kann die Atmosphäre nicht erwärmen.
3. Die Erde spielt die Rolle eines Transformators, der die eingehenden kurzwelligen Lichtstrahlen in langwellige Wärmestrahlen umwandelt.
4. Diese umgeformten Strahlen gehen in die Atmosphäre und werden dort teils absorbiert (Erwärmung der Atmosphäre) oder als Gegenstrahlung der Erde wieder zurückgegeben.
5. Die Atmosphäre bezieht somit den größten Teil ihrer Wärmeenergien aus der Erdstrahlung.
6. Die Transformation und Abgabe der Energie der Erde bedingen eine zeitliche Verzögerung der Erwärmung.
7. Festland, Wasserkörper und Luftmassen verhalten sich wegen verschiedener Ausgleichsmöglichkeiten unterschiedlich.
8. Globale Unterschiede im Luftmassenaustausch, der Wasserbewegung und -tiefe sowie der Gesteinsstruktur modifizieren diese Vorgänge zusätzlich.

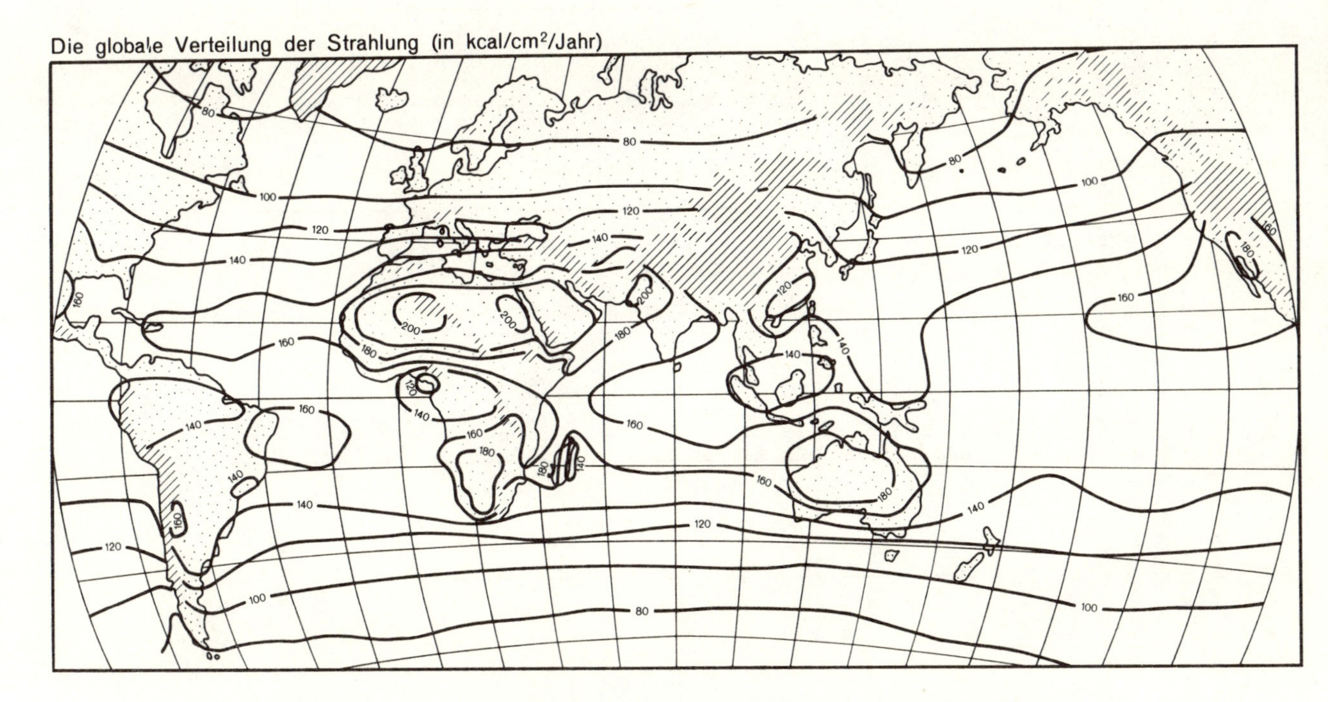

Abb. 3 Die jährliche Sonneneinstrahlung auf der Erde in kcal/cm^2/an (nach BUDYKO, zitiert in ESTIENNE et GOGARD, 1970)

12 Der Aufbau der Atmosphäre

Auf dem Wege durch die Atmosphäre unterliegen die Sonnen- und Erdstrahlen – wie oben berichtet – verschiedenen Einflüssen. Sie gehen vom chemischen Aufbau der Atmosphäre, ihren geophysikalischen Zuständen und vor allem dem Wasserdampfgehalt aus. Nach HANN-SÜRING (1939) setzt sich die trockene reine Atmosphäre im Meeresniveau wie folgt zusammen (Tab. 1):

Bestandteil	Mol.-Gew.	Dichte (Luft = 1)	Volumenprozente bei einem Wasserdampfgehalt			
				0,2 % Breite 70° N	0,9 % Breite 50° N	2,6 % Äquator
Wasserdampf H_2O	18,2	0,623	0 %			
Stickstoff N_2	28,02	0,9673	78,08	77,9	77,4	76,05
Sauerstoff O_2 [3]	32,00	1,1056	20,95	20,9	20,8	20,4
Argon Ar	39,94	1,379	0,93	0,93	0,92	0,91
Kohlensäure CO_2	44,0	1,529	(0,03)	(0,03)	(0,03)	(0,03)
Krypton Kr	82,9	2,818	$1{,}1 \cdot 10^{-4}$			
Xenon X	130,2	4,42	$0{,}9 \cdot 10^{-5}$			
Neon Ne	20,2	0,674	$1{,}8 \cdot 10^{-3}$			
Helium He	4,0	0,1368	$5 \cdot 10^{-4}$			
Wasserstoff H_2	2,02	0,0696	$(<10^{-3})$			
Emanation Em (= Radon Rn)	222	7,67	$7 \cdot 10^{-18}$	(sehr variabel)		
Ammoniak NH_3	17,0	0,587	$26 \cdot 10^{-7}$			
Jod J_2	254	8,78	$3{,}5 \cdot 10^{-9}$	(sehr variabel)		
Wasserstoffperoxid H_2O_2	34,0	1,176	$4 \cdot 10^{-8}$			
Ozon O_3	48,0	1,624	$2 \cdot 10^{-6}$			

Unter diesen Elementen ist das Kohlendioxid (CO_2, auch Kohlensäure genannt) infolge seiner Variabilität ähnlich einflußreich wie der Wasserdampf, der ebenfalls großen Schwankungen unterworfen ist. Kohlensäure stammt u.a. aus Vulkanen, Fumarolen und Quellen (Säuerlingen). Eine bereits deutlich spürbare Zunahme erfährt der CO_2-Gehalt durch Verbrennungsprozesse industrieller und anderer anthropogener Art (1900 bis 1970 ca. 12 %). Darüber hinaus ist mit den gesteigerten Ernährungsbedürfnissen als Folge der Zunahme der Erdbevölkerung die CO_2-Bildung in der Agrarwirtschaft zu berücksichtigen, auf die FLOHN (1958) hingewiesen hat und die er im CO_2-Jahreshaushalt ähnlich hoch einschätzt wie die industrielle Produktion. Solche und eine Reihe anderer Quellen der Kohlensäureausscheidung in die Atmosphäre bedeuten eine Veränderung der Strahlendurchlässigkeit. Die Glashauswirkung der Lufthülle wird verstärkt und kann so zu Klimaschwankungen führen. Im mikroklimatischen Bereich ist das CO_2 durch sein hohes Molekulargewicht gegenüber anderen Gasen Stickstoff (28) und Sauerstoff (32) mit 44 schwerer und sinkt zu Boden. Das kann für die Pflanzenwelt in wenig durchlüfteten Senken und anderen Hohlformen von biologisch sichtbarer Bedeutung sein. Gegenüber dieser Veränderlichkeit der Kohlensäure sind die Hauptbestandteile der Luft Stickstoff und Sauerstoff zueinander konstant.

Dagegen unterliegt der Wasserdampfgehalt der Atmosphäre starken Schwankungen. Er macht zwar an Volumenprozenten nur etwa 2,5 – 2,6 % in der Luft aus. Der Anteil kann aber von 4,0 % in den äquatorialen Gebieten bis 1,0 % im Sommer oder 0,4 % im Winter der gemäßigten Breiten ausmachen. Das bedeutet, daß in der Regel –Extremfälle ausgeklammert – Unterschiede auf der Erde zur gleichen Zeit von 1 : 10 auftreten können. Das Molekulargewicht 18 macht den Wasserdampf zu einem leicht transportierbaren Substrat, was bei Konvektionsvorgängen sehr fördernd ist. Seine besondere Eigenschaft, zu absorbieren und zu reflektieren, kommt beim Strahlungshaushalt der Erde zur Geltung. Von den 30 – 40 %, die von der Sonnenstrahlung in den Weltenraum reflektiert werden, entfallen rund 25 % auf den Wasserdampf, meist in kondensierter Form als Wolken. Die Absorption durch den Wasserdampf kann nach BLÜTHGEN (1966) bei einer 500 m mächtigen Stratocumulusdekke 5 – 10 %, bei Nimbusdecken größer und Cirruswolken geringer sein.

Groß und sehr unterschiedlich ist der Anteil der festen Partikel in der Atmosphäre. Luftdruck, Luftdichte, Temperatur und Strömungsart sowie chemische Elemente führen durch ihre unterschiedliche Ausprägung zu einer Schichtung in der Atmosphäre. Ihr Aufbau wird in Abb. 4 deutlich. Ohne alle Schichten zu erläutern, soll auf zwei besonders hingewiesen werden, weil sie für das Klima gravierenden und stark wechselnden Einfluß nehmen. In der Troposphäre – am Pol bis 8, in den Tropen bis 18 km Höhe reichend – sind die stärksten und nach Richtungen sehr unterschiedlichen Luftbewegungen zu finden. Dort hinein gelangen verstärkt in der untersten Zone, der Peplosphäre oder Grundschicht, irdische Partikel wie Staub und andere Substanzen (Rauch, Kristalle), die als Folge der Luftreibung auf der Erdoberfläche mit anschließender Konvektion mehr oder weniger reichlich erzeugt und hochtransportiert werden. In der Stratosphäre, von 10 – 50 km reichend, spielt die Ozonanreicherung als Filter für die ultravioletten Strahlen eine lebenswichtige Rolle für die Erde. Daneben sind große Mengen von meteoritischen Teilchen aus dem Kosmos in den obersten Schichten der Stratosphäre und der anschließenden Mesosphäre gefunden worden.

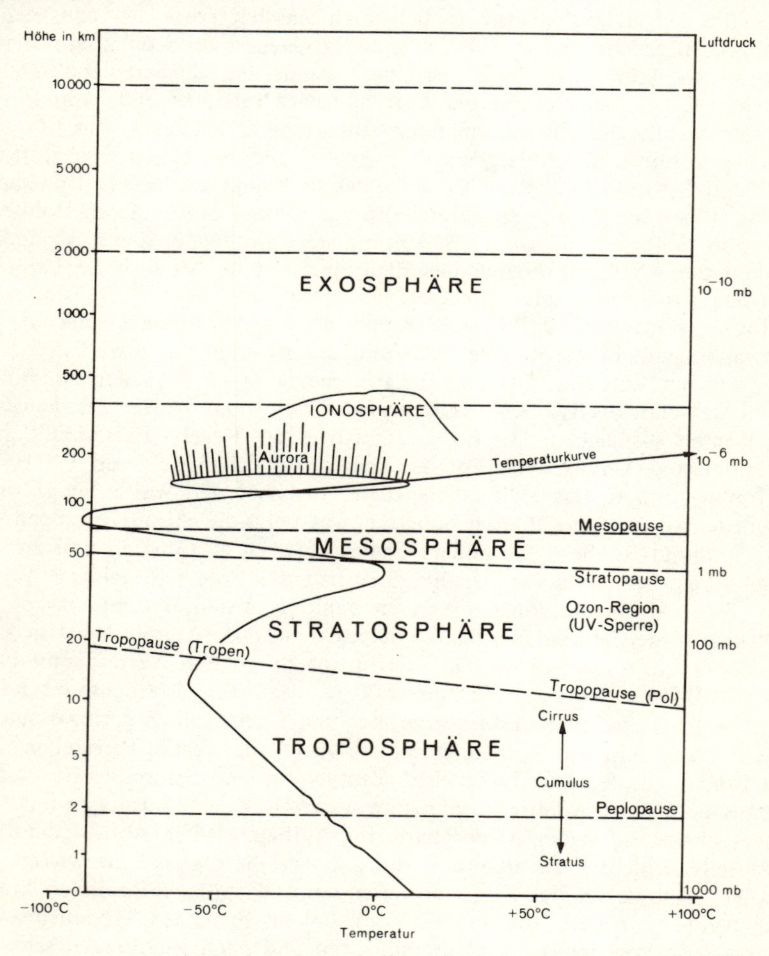

Abb. 4 Der Vertikalaufbau der Erdatmosphäre (nach WATTS, 1971)

Aus dem Gesagten wird deutlich, welchen differenzierenden Einfluß die Erde selbst auf das Strahlungsvolumen in der Atmosphäre ausübt. Die Beispiele über Veränderungen der Troposphäre durch irdische Partikel können noch verfeinert werden. Staub kann oft, an der Farbe erkennbar, kontinentweit transportiert werden. Weitreichende Spuren von Wald- und Grasbränden beweisen, wie stark und nachhaltig die Troposphäre verschmutzt wird, was den Strahlungshaushalt mindestens lokal oder regional stark beeinflussen kann. Von der allgemeinen Verschmutzung der Luft durch die Tätigkeit des Menschen und deren Auswirkungen kann hier nicht detailliert berichtet werden. Nukleare Partikel, säurige Stoffe, Bakterien, Salze oder Rauch sind Stichworte für eigene klimatologische Problemkreise, z.T. mit bioklimatischem Hintergrund.

Von der Troposphäre in die Grundschicht oder Peplosphäre zu gehen, heißt, die Frage der Absorptionswirkung noch detaillierter zu stellen. Auf dem Umweg über die reflektierte Strahlungsmenge – sie heißt Albedo – kann das Wärmeaufnahmevermögen der irdischen Oberfläche in ihren Einzelteilen berechnet werden. Die von BLÜTHGEN (1966) nach verschiedenen Autoren zusammengestellte Tabelle 2 enthält mit jeder Angabe einen oder mehrere Schlüssel zum Verständnis für Vorgänge, die entweder von Natur aus allein oder mit Menschenhilfe ablaufen:

Totale Albedo	
Jahresmittel ganze Erde	43 %
Jahresmittel Atlantik	39 %
davon August (Minimum)	31 %
Oktober (Maximum)	49 %
Visuelle Albedo	
Ackerboden, dunkel	7–10 %
Ackerboden, hell	10–16 %
trockene Brache	12–20 %
feucht gepflügt	5–14 %
Getreide je nach Reife	10–25 %
Stoppelfelder	15–17 %
Feld mit frischem Gras	25 % (16–27 %)
Feld mit regennassem Gras	22 %
Feld mit trockenem Gras	31 %
Heidekraut	18 %
Wipfelfläche Kiefern	14 %
Wipfelfläche Fichten	10 %
Nadelwald	6–19 %
Wipfelfläche Eichen	18 %
Laubwald	16–27 %
Herbstlaub	33–38 %
Graue Sandfläche	12–26 %
Trockener Sand	18 %
Nasser Sand	9 %
Flußquarzsand	29 %
Weißer Quarzsand	34 %
Lehmboden, trocken	15–25 %
Tonige Wüstenfläche	29–31 %
Gestein, dunkel	7–15 %
Gestein, hell	15–45 %
Granitfelsen mit Flechten teilweise bedeckt	12–18 %
Frische Schneedecke	81–85 %
Ältere Schneedecke	42–70 %
Tauender Schnee	30–65 %
Firn, rein	50–65 %
Firn, unrein	18–50 %
Gletschereis, rein	30–46 %
Gletschereis, unrein	20–30 %
Schnee-Eis und Eis mit Luftblasen	10–60 %
Messungen vom Flugzeug aus:	
Kulturland	14 %
Heide	10 %
Heller Laub- u. Mischwald	9 %
Nadelwald	7 %
Dunkler Mischwald größerer Ausdehnung	4,5 %
Dünensand, Brandung	26–63 %
Meer in Äquatornähe	5 %
Nordsee	9 %
Meer nahe der Eisgrenze	10–14 %
Geschlossene, sonnenbestrahlte Wolkendecke	60 %
Wolkendecke allgemein	5–81 %

Dabei geht der Anteil der Energieaufnahme eng mit Farben und Feuchtezuständen der bestrahlten Medien einher. Folgende Stichworte sollen das verdeutlichen: Bergschrund und Randspalten der Gletscher, Blühen unter einer Schneedecke, Luftflimmern über Bäumen und Straßen, Temperaturumkehr durch Ausstrahlung, Sonnenbrand durch reflektierende Wasser-, Schnee- und Eisflächen.

Aber nicht nur solche an die Erdoberfläche und deren unmittelbare atmosphärische Nachbarschaft gebundenen Vorgänge, die den Grundhaushalt des Klimas beeinflussen, sind mit der Peplosphäre verbunden. Dieser geophysikalische Bereich der Erdatmosphäre löst sich auch als bedeutungsvolle Zone relativ eigenständiger klimatologischer Geschehen von der übrigen Atmosphäre, insbesondere der Stratosphäre. SCHNEIDER-CARIUS (1947/48, 1950, 1953) hat sie unter dem Namen „Grundschicht“ näher untersucht und – wie BLÜTHGEN nachdrücklich bemerkt – auch für geographische Aussagen treffend typisiert. Er unterscheidet nämlich sechs Zustandshaupttypen der Grundschicht, die in erster Linie durch Konvektions- und Turbulenzunterschiede als Folgen der, wie oben geschilderten, stark wechselnden Strahlungsvorgänge ausgelöst werden:

Typ A oder Inversionstyp (Höhe nur einige 100 m),
Typ B oder Hochnebeltyp (Höhe knapp 1000 m),
Typ C oder Normaltyp (Höhe 1000 bis 1500 m),
Typ D oder Konvektionstyp (Höhe bis 1500 m),
Typ E oder Böenwettertyp (Höhe 3000 m und mehr) und
Typ F oder Auflösungstyp (Höhe mehrere 1000 m).

In verschiedenen Klimaten der Erde sind diese Typen zeitweise dominant und damit klimatypisch. Mit diesem System ist die Möglichkeit gegeben, in Luftkörpereinheiten mit bestimmten physikalischen Zuständen und typischen Veränderungsformen zu operieren. In jeder Zone der Erde können wechselnde Folgen von Haupttypen zusammengefügt werden, die als langfristige meteorologische Ereignisse zu klimatischen Aussagen formiert werden.

2 Die Temperatur

Vom Strahlungshaushalt eines Punktes der Erde hängt dessen Wärmehaushalt ab. Ausdruck dieser Energieumsätze ist das Bild des Temperaturganges. Wichtigster Faktor für den Verlauf der Temperatur eines Teiles der Erdoberfläche ist seine Lage im Gradnetz. Von den niederen zu den höheren Breiten nimmt die Sonneneinstrahlung ab. Eine Kurztabelle 3 zeigt diese erste Regel für die Nordhalbkugel (SIMPSON, 1929):

gcal/cm²/min

Breite	0	10	20	30	40	50	60	70	80	90
Ankommende absorbierte Str.	0,339	0,334	0,320	0,297	0,267	0,232	0,193	0,160	0,144	0,140
Ausgehender Strahlungsverlust	0,271	0,282	0,284	0,284	0,282	0,277	0,272	0,260	0,252	0,252
Differenz	+0,068	0,025	0,036	0,013	-0,015	0,045	0,079	0,100	0,108	0,112

Erwärmung und Abkühlung der Luft hängen in zweiter Linie von der Erdausstrahlung ab. Den nur geringen Unterschied der letzteren vom Äquator bis zum Pol zeigt die Tabelle 3. Dieser breitengradparallelen Anordnung der Wärmehaushalte steht eine weitere Differenzierung ohne so fest umrissene Grenzen durch die Bewölkungsformen gegenüber. Damit gerät der Temperaturgang in den Spannungsbereich von Land- und Meerflächen. Die Lagebeziehung zur Küste muß bei der Interpretation des Wärmehaushalts geprüft werden. Gleichzeitig können vom Meer her Strömungen besonders temperierte Gewässer an die Küsten bringen und das für den Breitenkreis normale Temperaturbild verändern (Anomalien). Dritter Faktor, der zur Beurteilung eines Punktes der Erde im Hinblick auf seine Temperaturgänge beachtet werden muß, ist die Höhenlage. Dabei spielt nicht nur die eigene Höhe, sondern auch die seiner näheren oder weiteren Umgebung für den Gang der Temperatur eine besondere Rolle. Die Möglichkeit, daß die Luft ausgetauscht werden kann oder nicht, bedeutet sehr große Unterschiede im Temperaturgang bestimmter Punkte. Von da ist der Weg nicht weit zum vierten Faktor: Die Exposition. Dabei ist nicht nur die Himmelsrichtung von Bedeutung, sondern auch der Neigungswinkel der bestrahlten Fläche bedingt oft gravierende Differenzen, die die Wärmelage eines Punktes um mehr als 20 Breitengrade „verschieben“ kann.

21 Temperatur der Luft, am und im Boden, sowie Temperaturschwankungen

Temperaturwerte können nach Zeit und Örtlichkeit verschieden gewonnen werden. Die Mittelwertbildung kann über einzelne Tage, Monate und das Jahr erfolgen. Für besondere Aussagen können auch andere Zeiteinheiten, wie Zehntageswerte, gewählt werden. Die Mittelwerte für den Tag werden nach der Formel gewonnen:

In Europa: $$\frac{t(7^{oo}) + t(14^{oo}) + 2\ t(21^{oo})}{4}$$

oder

$$\frac{t(1^{oo}) + t(7^{oo}) + t(13^{oo}) + t(19^{oo})}{4}$$

In USA: $$\frac{t\ max + t\ min}{2}$$

Neben der Mittelwertbildung für die oben genannten Zeiteinheiten hat es sich als immer nützlicher und wichtiger erwiesen, die langfristigen Schwankungen deutlicher bei Temperaturangaben und Aussagen über den Wärmehaushalt zu berücksichtigen.

Neben der Lufttemperatur ist die des Erdbodens (Erdoberfläche und in bestimmten Bodentiefen)klimatologisch wichtig. Erwärmung und Abkühlung der Erdoberfläche stehen in engem Zusammenhang mit der Lufttemperatur. Dabei kann es zu verschärfenden und ausgleichenden Wirkungen kommen. Aus einer Reihe von Tabellen 4 von HANN-SÜRING (1939) bzw. GEIGER (1964) können folgende grundsätzlichen Erscheinungen abgeleitet werden, die vor allem für Fragen der Standortbeurteilung (Bio- und Hydrohaushalt) wichtige Folgerungen zulassen:

Täglicher Temperaturgang in Mukuss (Amu-Darja)

	Luft (3 m)	Bodenoberfl.	–0,05	–0,10	–0,20	–0,40 m
Mitteltemperatur	11,5	15,8	13,4	13,8	13,9	14,3
Maximum	17,2	32,3	19,2	17,8	15,6	14,7
Minimum	5,4	5,2	8,5	9,8	12,2	14,1
Differenz	11,8	27,1	10,7	8,0	3,4	0,6
Eintritt des Min.	5^h	4^h55^m	6^h5^m	7^h15^m	10^h	16^h10^m
Eintritt des Maxim.	14^h40^m	13^h15^m	16^h30^m	17^h30^m	20^h15^m	3^h55^m
	Mitteltemperaturen im Sommer					
5^h	16,6	16,1	20,8	22,9	26,3	28,2
13^h	30,6	55,2	31,6	31,0	26,0	27,4

Mittlere Extreme der Bodentemperatur in Tbilissi

Tiefe	Luft	0,01	0,20	0,40	0,84	1,65	3,26	3,99	6,47 m
Kältest. Mon.	−0,4 I	0,6 I	1,6 I	2,9 I	5,5 II	8,3 II	11,9 IV	12,5 IV	13,8 VI u. VII
Wärmst. "	24,4 VIII	33,1 VIII	30,7 VIII	28,9 VIII	26,2 VIII	22,2 VIII	17,7 X	16,5 X	15,3 XII
Schwankung	24,8	32,5	29,1	26,0	20,7	13,9	5,8	4,0	1,5
Jahresmittel	12,3	16,3	15,7	15,4	15,3	15,1	14,7	14,5	14,5
				Mittlere (absolute) Jahresextreme					
Maximum	35,4	64,3	37,7	31,5	27,2	22,8	17,9	16,6	15,3
Minimum	−10,5	−8,4	−0,9	1,5	4,6	8,1	11,8	12,5	13,7
Schwankung	45,9	72,7	38,6	30,0	22,6	14,7	6,1	4,1	1,6

Mittlere Eintrittszeiten der Jahresextreme in Königsberg

Tiefe	0	1	2	3	4	5	6	7	7 1/2 m
Maximum	13. Juli	1. Aug.	25. Aug.	15. Sept.	2. Okt.	21. Okt.	9. Nov.	1. Dez.	8. Dez.
Minimum	26. Jan.	24. Febr.	20. März	9. April	23. April	6. Mai	24. Mai	14. Juni	22. Juni

Temperaturschwankungen in Seabrook (heitere Frühlingstage)

Höhe (cm)	640	320	160	80	40	20	10
Temperatur-schwankung	9,1	9,5	10,1	10,8	11,7	12,7	14,4

Frostwechsel bei Potsdam (1895–1917 nach HEYER)

Bodentiefe in cm	0	2	5	10	50	100
Jährliche Frostwechselzahl	119	78	47	24	3,5	0,3
Mittlere Frostwechseldichte	1,8	1,8	1,7	1,5	1,1	1,0

1. Die feste Erdoberfläche erwärmt sich im Sommer am Tage mehr als die Luft (als Folge besserer Wärmeaufnahme und Wärmeleitfähigkeit des festen Gesteins gegenüber der Luft).
2. Gleiches gilt auch für die bodennahe Luft (als Folge größeren Schutzes vor Luftbewegungen).
3. Die feste Erdoberfläche erkaltet im Winter und nachts stärker als die Luft (als Folge der besseren Wärmeleitfähigkeit von Gesteinen).
4. Die Tagesmittel-Temperatur der Luft ist niedriger als die der Erdoberfläche (als Folge stärkerer Temperaturunterschiede Luft-Erdoberfläche im Sommer als im Winter).
5. Die tägliche Temperaturschwankung nimmt mit Annäherung an die Bodenoberfläche zu.
6. Die täglichen Temperaturänderungen dringen in die Erde nur bis zu einer Tiefe von 1 m ein. Das gilt auch für Gebiete mit großen Wärmeeinstrahlungen wie Wüsten.
7. Der Tiefgang der jährlichen Temperaturänderungen im Boden hängt von der Dauer der Strahlungsimpulse an der Erdoberfläche (z.B. lange Sommer, kurze Sommer), der Art des Gesteinskörpers (z.B. Fels, Sand) und der Bodenbedeckung (z.B. Wald, Gras) ab.
8. Aus 7. folgt, daß Maxima und Minima mit mehr oder weniger großer Verspätung in den einzelnen Bodentiefen ankommen. Sie können z.T. über 6 Monate betragen.
9. Im allgemeinen verschwindet in einer Tiefe von 10 m die Jahresamplitude der Lufttemperatur.
10. Die Zahl der jährlichen Frostwechsel nimmt bis etwa 1 m Tiefe bis auf Null ab.
11. Der amplitudenfreie Temperaturwert entspricht etwa der Jahresdurchschnittstemperatur der Luft.

Weitere Differenzierungsmerkmale sind an die Bodenbedeckung und die Gesteinsstrukturen gebunden. Auch da helfen Tabellen, um Unterschiede und große Bedeutung solcher Wärmehaushalte im und am Boden für die Standorteigenschaften zu erkennen (GEIGER, 1961):

Tab. 5: Größenordnung einiger Konstanten für den Wärmehaushalt im Boden

Bodenart bzw. Material	Wärmeleitfähigkeit 1 000 mal cal/cm/sec/°C	Bodenart bzw. Material	Wärmeleitfähigkeit 1 000 mal cal/cm/sec/°C
Silber	1 000	Wasser, unbewegt	1,3–1,5
Eisen	210	Moor, naß	0,7–1,0
Beton	11	Lehmboden, trocken	0,2–1,5
Felsgestein	4–10	trockener Sand	0,4–0,7
Eis	5–7	Neuschnee (Dichte 0,2)	0,2–0,3
nasser Sand	2–6	Holz, lufttrocken	0,2–0,5
nasser Lehm	2–5	Moorboden, trocken	0,1–0,3
Altschnee	3–5	Luft, unbewegt	0,05–0,06

Tab. 6: Der tägliche Gang der Temperatur in verschiedenen Bodenarten (nach HANN-SÜRING, 1939):

	Luft	Granitfels	Sandheide
		Oberfläche	
Mittel	16,1	23,0	20,8
Mittl. Maximum	22,7	34,8	42,3
Mittl. Minimum	9,6	14,5	7,8
		in 60 cm Tiefe	
Mittel	–	20,2	14,1
Tagesschwankung	–	1,3	0,1

Tab. 7: Der monatl. Wärmemengenumsatz in cal/cm^2

	I	II	III	IV	V	VI	
Feld	-352	-608	-771	-825	-516	- 33	
Wald	-163	-369	-498	-555	-425	-147	
	VII	VIII	IX	X	XI	XII	Jahr
Feld	+425	+748	+854	+727	+368	- 15	1700
Wald	+170	+422	+565	+547	+353	+100	1130

Daraus ergeben sich folgende weiteren, grundsätzlichen Aussagen:

12. Lufterfüllte, lockere Materialien haben an ihrer Oberfläche größere Temperaturgegensätze als feste Gesteine (als Folge der hohen Isolationswirkung von Luft).
13. Aus 12. folgt, daß die Wärmestrahlung in Lockermaterial weniger tief eindringt als in festes Gestein.
14. Unter Wald ist der jährliche Wärmeaustausch am und im Boden geringer als im Freiland.
15. Maxima und Minima der monatlichen Wärmeaustauschmengen des Bodens sind im Freiland extremer als unter Wald oder anderer Pflanzenbedeckung.

Vom Mikroklima zum Makroklima nimmt die Bedeutung der Vorgänge, die wie Turbulenz, Verdunstung, Bewölkung und Luftbewegung den Gang der Temperatur beeinflussen, zu. Dazu sind Tages- und Jahresgänge sowie die Amplituden zu untersuchen.

Der unter Ausschaltung der oben genannten Einflüsse ablaufende Temperaturgang setzt sich aus zwei Teilen zusammen: Einstrahlung, die nur von Sonnenaufgang bis Sonnenuntergang wirksam ist, und der Ausstrahlung, die ständig vor sich geht. Das tägliche Temperaturmaximum liegt theoretisch zur Mittagszeit (12^{00}h), das Minimum beim Sonnenaufgang. Dieser symmetrische Kurvenlauf, bei dem ein Wärmegewinn für die Luft erst dann eintritt, wenn die Einstrahlungsmenge größer ist als die der Ausstrahlung, wird nie erreicht. Da die Luft ihre Hauptwärmemengen erst auf dem Umweg über die strahlungstransformierende Erde erhält, d.h. also mit Zeitverzögerung, sind die Maxima in den Nachmittag verschoben, im Sommer mehr als im Winter. Aber auch dieses vom Strahlungsgang her asymmetrische Bild ist nur ein Idealfall. Vielmehr verändert eine Reihe von meteorologischen Vorgängen Tag für Tag und klimazonenweise verschieden den Tagestemperaturverlauf.

Turbulenz, vor allem in der heißen Tageszeit, führt zur Auflockerung der Luft und damit zu zellularer Durchmischung mit kühleren Lufttropfen. Dieser Vorgang läuft ganz kurzfristig in fast Minutenfolge ab und bedingt eine Dämpfung des Temperaturanstieges.

Verdunstung führt zu einem Wärmeverlust, der vor allem im Laufe des Vormittags durch Aufarbeitung der Nacht- und Morgenfeuchte (Tau) den Temperaturanstieg drückt. Umgekehrt wird die Wärmeausstrahlung bei Kondensationsvorgängen (Nebel) eingeschränkt, so daß das Minimum weniger tief liegt, was bei Temperaturen um den Gefrierpunkt für das Nichteintreten von Nachtfrost von praktischem und prognostischem Wert ist.

Kondensationsvorgänge in größerer Höhe, die zur Wolkenbildung führen, wirken sich indirekt als Dämpfung für die täglichen Extremtemperaturen aus. Sowohl die Einstrahlungs- als auch die Ausstrahlungsmengen werden infolge stärkerer Absorption und Reflexion in beiden Richtungen (Weltall, Erde) geringer.

Mit Steigerung der Turbulenz bei Temperaturanstieg wird auch die Disposition zur horizontalen Luftbewegung gefördert. Gerade an der Grenze thermisch so verschieden reagierender Erdräume wie Land und Meer kommt es zum Luftaustausch. Dabei führt dem Wärme- und damit Druckgefälle entsprechend der Wind von See zum Land kühlere Luft heran, die den Temperaturanstieg an vielen tropischen und subtropischen Küsten dämpft, ja sogar vorübergehend stoppt.

Großzellularen Ursprungs ist die Veränderung der idealen Tagestemperaturkurve auch dann, wenn durch Wechsel der Wetterlage Luftmassen stark unterschiedlicher Wärme einen Ort überfließen. Abfallende Temperaturkurven am Vormittag oder ansteigende in der Nacht können Folgen sein. Die Westwindzone Europas ist davon genauso betroffen wie etwa die Trockengebiete Nordamerikas. Da solche Ereignisse fast zur Regel der Witterungsabläufe der gemäßigten Zone gehören, können sie auch als typisch für Tagesgänge der Lufttemperatur eingestuft werden.

Der Versuch, die Tagesamplituden der Temperatur über die Erde hinweg zu vergleichen, um zu einer Zonenabstufung zu kommen, ist wenig sinnvoll. Neben den unregelmäßigen Änderungen, den aperiodischen Tagesamplituden, spielen bei der periodischen zu viele lokale Eigenschaften eine große Rolle. Beschaffenheit der Erdoberfläche nach Gesteinsart, Farbe und Feuchte, Reliefformen (konvexe oder konkave Hänge, Berggipfel, Tallagen u.a.m.), Bodenbedeckung (Wald, Freiland) sowie Bewölkungshäufigkeit und -dichte variieren die Kurven innerhalb der gleichen Klimazone sehr stark. Außerdem können erhebliche Unterschiede in den Amplituden zwischen Winter und Sommer auftreten, die bei einem Jahresmittelwert verloren gehen. Lediglich die Tendenz der Amplitude unter Berücksichtigung der Breitenkreislage scheint statthaft und geographisch nutzbringend. Für Festländer gelten folgende Werte:

90–70°:	kleiner 5°	Polartag, Polarnacht
70–50°:	5–12°	
50–40°:	etwa 13°	
40–20°:	etwa 18°	Trockenzone mit Maximum von Einstrahlung und Ausstrahlung
20–10°:	etwa 12°	
10– 0°:	5–8°	Bewölkung und Feuchte

Auf dem Ozean wurden im Atlantik von 60°N bis 60°S durchgehend 2–3° gemessen.

Dagegen ist eine Amplitudenangabe für den Jahresgang der Temperatur klimatologisch wertvoll. Wenngleich auch auf den jährlichen Gang der Lufttemperatur außer der Strahlung eine Reihe von Faktoren lokaler oder regionaler Art wie periodische Niederschläge oder Land- und Wasserflächen Einfluß nimmt, so bleiben regellose Sonderheiten infolge der langen Datenreihen relativ unwirksam. Parallel zum Tagesgang der Temperatur ist auch der Jahresgang durch verzögerte Maxima und Minima gekennzeichnet. Außerhalb der Wendekreise sind Juli, gelegentlich auch August, in Extremfällen sogar der September die wärmsten Monate. Eine besonders durchschlagende Rolle spielt dabei die Land-Meer-Lage. Für maritime Klimate sind stark verzögerte, für kontinentale nur gering „verspätete" Höchst- bzw. Tiefststände charakteristisch. Dies bedeutet aber, daß sich der Jahresgang der Lufttemperatur typenbildend auf die Klimazonierung der Erde auswirkt. Gerade die Karte (Abb. 5) der mittleren Jahresamplituden macht diese Wirkung besonders auf der Nordhalbkugel sehr deutlich. Die breiten Landmassen zwischen 30° und 80°N bedeuten einen sehr bunten Wechsel in der Amplitude von Westen nach Osten, während die Breitenkreisanordnung der Amplituden und damit die Abhängigkeit von den reinen Strahlungseffekten erst im Bereich zwischen den Wendekreisen zur Wirkung kommt. Auch die wasserreiche und vom Material her fast uniforme Oberfläche der Erde zwischen 40° und 70°S erklärt die Nord-Süd-Abfolge.

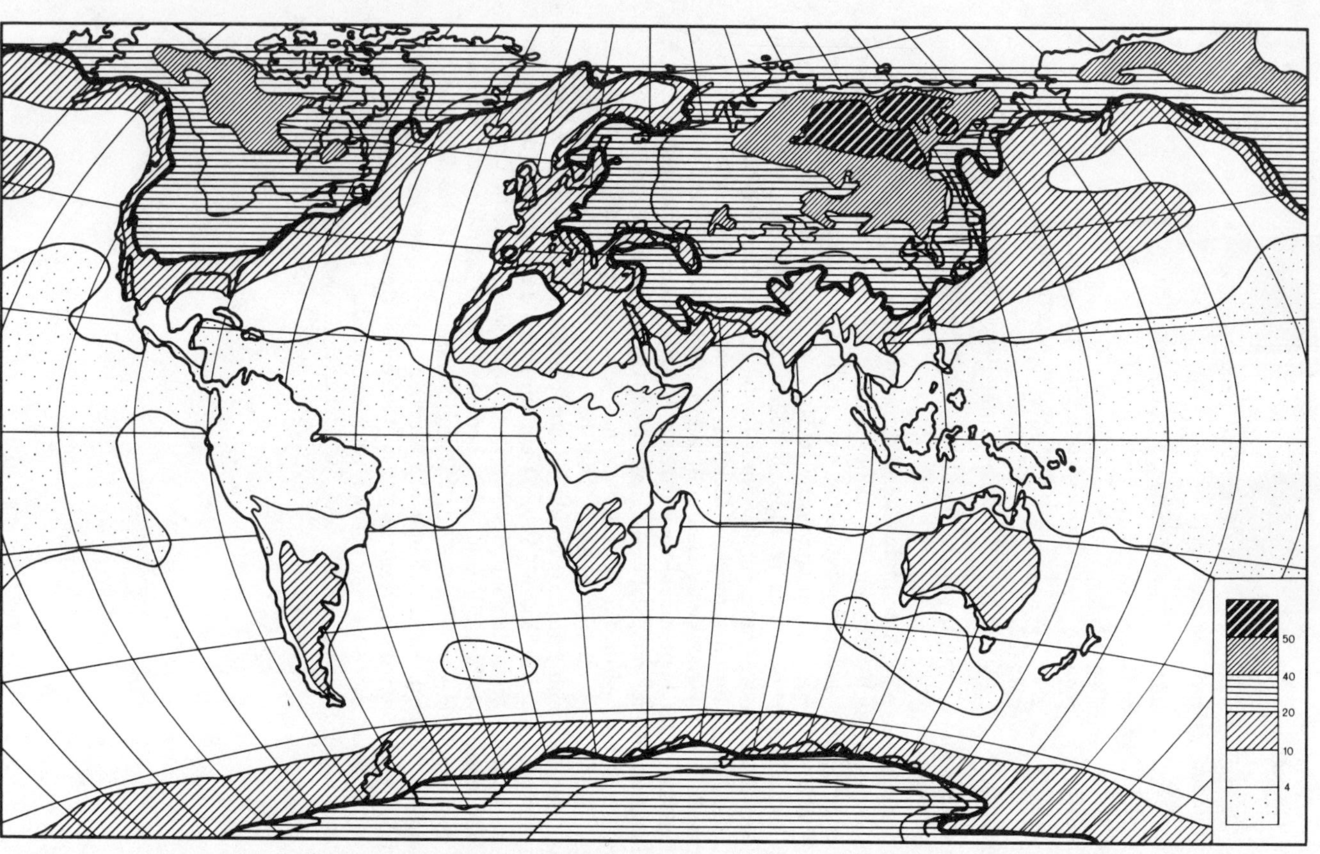

Abb. 5 Die mittlere jährliche Temperaturamplitude auf der Erde in °C (nach ESTIENNE et GODARD, 1970)

Tab. 8: Mittlere Temperatur der Breitenkreise

Breite	Jan.	April	Temperatur Juli	Okt.	Jahr	Amplitude	Mittlere Temp. der Ozeane	Landbedeckung in %
Nordpol	−41	−28	−1	−24	−22,7	40	−1,7	0
85° N	−38,1	−26,5	0,3	−22,2	−21,2	38,4	−1,7	–
80	−32,2	−22,7	2,0	−19,1	−17,2	34,2	−1,7	20
75	−29,0	−19,0	3,4	−14,0	−14,7	32,4	− 1,2	24
70	−26,3	−14,0	7,3	− 9,3	−10,7	33,6	0,7	53
65	−23,0	− 7,3	12,4	− 4,1	− 5,8	35,4	3,1	76
60	−16,1	− 2,8	14,1	0,3	− 1,1	30,2	4,8	61
55	−10,9	1,8	15,7	2,9	2,3	26,6	6,1	55
50	− 7,1	5,2	18,1	6,9	5,8	25,2	7,9	58
45	− 1,7	10,4	20,9	11,5	9,8	22,6	10,8	51
40	5,0	13,1	24,0	15,7	14,1	19,0	14,1	45
35	9,6	17,0	25,8	18,9	17,2	16,2	18,3	42
30	14,5	20,1	27,3	21,8	20,4	12,8	21,3	43
25	18,7	23,2	27,9	24,6	23,6	9,2	23,7	37
20	21,8	25,2	28,0	26,4	25,3	6,2	25,4	32
15	24,0	26,7	27,9	27,0	26,3	3,9	26,6	26
10	25,8	27,2	26,9	26,9	26,7	1,4	27,2	24
5° N	26,3	26,8	26,2	26,3	26,4	0,6	27,4	22
Äquator	26,4	26,6	25,6	26,5	26,2	1,0	27,1	22
5° S	26,4	26,5	24,9	26,0	25,8	1,6	26,4	24
10	26,3	25,9	23,9	25,7	25,3	2,4	25,8	20
15	25,9	25,2	22,3	24,4	24,4	3,6	25,1	23
20	25,4	24,0	20,0	22,8	22,9	5,4	24,0	24
25	24,3	21,8	17,5	20,6	20,9	6,8	22,0	23
30	21,9	18,7	14,7	18,0	18,4	7,2	19,5	20
35	18,7	15,2	11,8	15,3	15,2	6,9	17,0	9
40	15,6	12,5	9,0	11,7	11,9	6,6	13,3	4
45	12,3	8,0	6,2	8,0	8,8	6,1	9,9	3
50	8,1	6,3	3,4	5,4	5,8	4,7	6,4	2
55	5,0	1,8	− 2,4	0,8	1,3	7,4	3,1	1
60	2,1	− 2,5	− 9,1	− 4,0	− 3,4	11,2	0,0	0
65	− 0,7	− 7,2	−16,1	− 8,8	− 8,2	15,4	− 1,2	1?
70	− 3,5	−13,6	−23,0	−14,4	−13,6	19,5	− 1,3	71
75	− 6,8	−21,5	−30,8	−21,7	−20,2	24,0	− 1,7	100??
80	−10,8	−28,8	−39,5	−30,0	−27,0	28,7	–	?
85° S	−13	−33,7	−45,5	−33,6	−31,4	32,5	–	100
Südpol	−13,5	−36	−48	−35	−33,1	34,5		

Kartographisch (Abb. 5) und tabellarisch (Tab. 8) kommt im übrigen die Amplitudenarmut der Südhalbkugel gegenüber der Nordhalbkugel als Folge der Land-Meer-Verteilung in allen Breiten gut zur Geltung. Eine Zonenordnung mit klimatischer Typenbildung würde folgendes Aussehen haben:

0–10°: Doppelte Maxima der Temperatur im Frühjahr und Herbst; gegenüber den Minima nur undeutlich; daher Amplitude kleiner 2,5°.

10–25°: Ein Maximum im Juli bzw. Januar; Amplitude zu den höheren Breiten hin zunehmend; Nordhalbkugel stärkere Amplitude (9°) als Südhalbkugel (6,8°) in gleicher Breite.

25–30°: Ein Maximum im Juli bzw. Januar; auf der Nordhalbkugel mit deutlicherer Ausprägung gegenüber dem Minimum (27,3° zu 14,7°) als auf der Südhalbkugel (21,9° zu 14,7°); Amplitude Nord zu Süd wie etwa 2 : 1.

35–40°: Ein Maximum, das auf der Nordhalbkugel fast 5 mal so hoch ist wie das Minimum(24,0° : 5,0°), auf der Südhalbkugel aber noch nicht einmal doppelt so hoch (15,6° : 9,0°); Amplitude Nord zu Süd wie 19,0 zu 6,6.

Mit diesen 4 Breitengrad-Streifen können die in vielen Klimaklassifikationen auftretenden typischen Zonen: Äquatoriale Zone, Zone der wechselfeuchten Randtropen, Zone der Trockenklimate und subtropische Zone verbunden werden. Von 40°N an haben die Werte der mittleren Temperatur für Breitenkreise nur noch dann einen Wert, wenn man regional eine klimatische Position im Verhältnis zum Breitenkreisdurchschnitt ausdrücken will. Durch das Zusammenziehen von Kontinental- und Ozeanräumen zwischen 40° und 70° geht die Abstufung vom hochozeanischen Temperaturgang (Ausgleich im ganzen Jahr bei Schwankungen um 4–8° wie in Irland) zum hochkontinentalen (heiße Sommer und sehr kalte Winter mit einer Amplitude von 50–60° in Mittelsibirien) verloren.

Im randtropischen Bereich wird auch ein bemerkenswerter Temperaturgang durch den Breitenkreisdurchschnitt gelöscht: Der Monsuntyp. Er besitzt zwei Maxima kurz vor und nach der Regenzeit, so daß also der Monsunregen die von Jahresanfang ansteigende Temperaturkurve abschneidet.

Schließlich ist der Jahresgang in den Polargebieten von 70–90° ein eigenständiger. Den tiefen Temperaturen der Polarnacht stehen die infolge Wärmeverbrauchs bei der Eis- und Schneeschmelze nicht hohen Sommertemperaturen (Polartag) zur Seite. Dennoch sind Jahresamplituden von 30-40° die Regel.

Zusammenfassend kann man über den Grundtenor des Jahrestemperaturganges auf der Erde sagen, daß beide Halbkugeln thermisch grundverschieden sind. Das gilt nicht nur für die absoluten Werte der einzelnen Monate oder die Jahresamplitude, sondern auch in den Jahreszeitwerten. BLÜTHGEN (1966) hat ganz besonders auf die Bedeutung der Frostzeiten und Frostareale hingewiesen, die auf beiden Erdhälften unterschiedlich nach Ausdehnung und Variabilität ausfallen:

Areale mit Frosttemperaturmittel für Januar und Juli (nach GENTILLI, 1958)

	Nordhalbkugel	Südhalbkugel
Januar	129,5 Mill. km^2	51,8 Mill. km^2
Juli	20,7 Mill. km^2	77,7 Mill. km^2

Diese Relationen bedeuten, daß die die Zirkulation der Luft steuernden

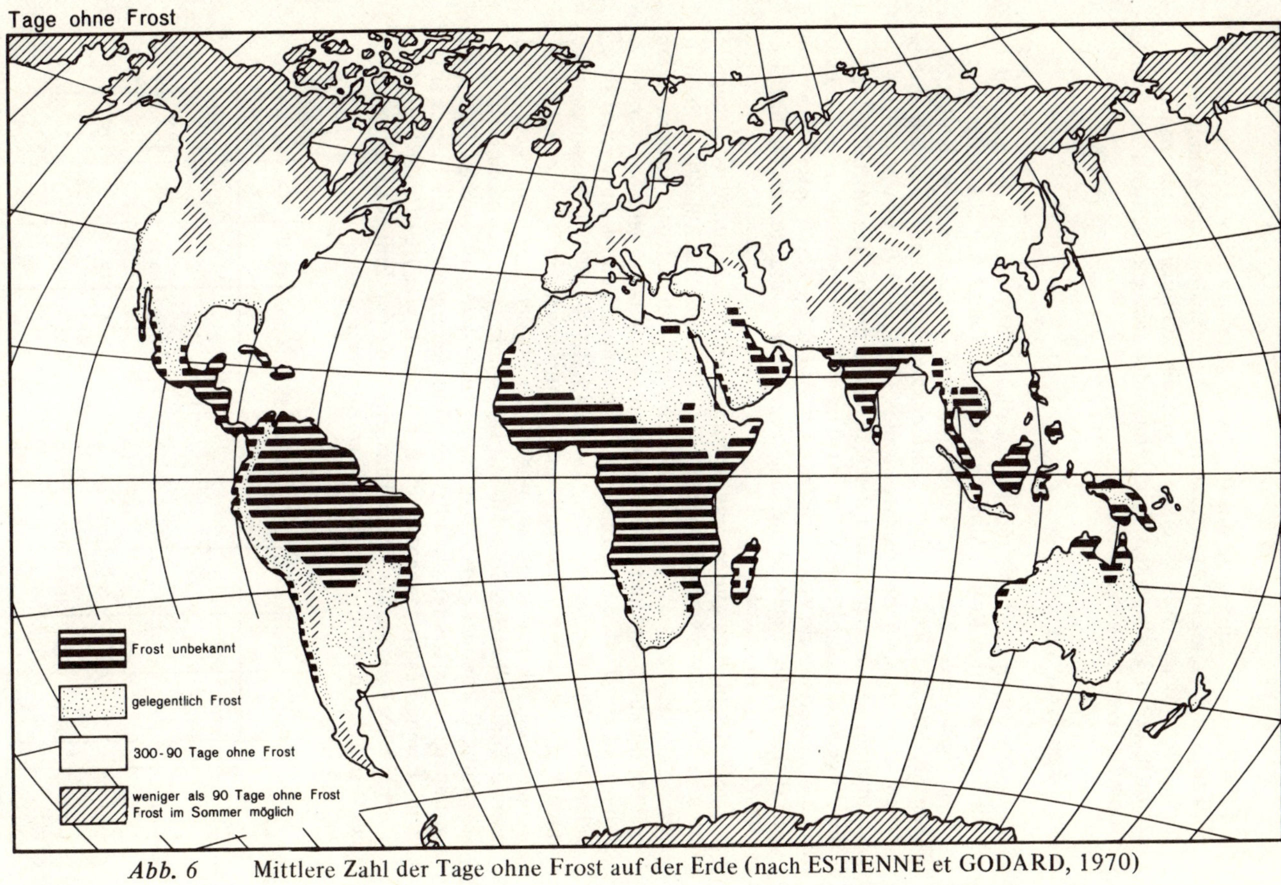

Abb. 6 Mittlere Zahl der Tage ohne Frost auf der Erde (nach ESTIENNE et GODARD, 1970)

Kältegebiete im Jahresgang auf der Nordhälfte der Erde starken, auf der Südhälfte nur geringen Arealänderungen unterworfen sind. Damit hängen mehr oder weniger weite Verlagerungen der zyklonalen Grenzzonen zusammen, deren Wirksamkeit dann breit oder fast gar nicht an subtropisch-tropische Systeme heranreicht.

22 Der Frost auf der Erde

In diesem Zusammenhang spielt auch die Verbreitung des Frostes auf der Erde eine wichtige Rolle (Abb. 6). Mit der Grenze der Niefrostgebiete ist ein Areal abgesteckt, das keine volltropische Pflanze bzw. Kulturpflanze (Banane, Maniok, Kakao) überschreiten kann. Im Bereich des gelegentlichen, aber seltenen Frostes liegen alle subtropischen Gewächse. Die Karte kann die lokalen Gunstplätze in den europäischen Mittelmeerländern wegen des Maßstabes nicht wiedergeben. Zitruskulturen und Ölbäume sind Anzeiger für ein solch episodisches Auftreten des Frostes. Mit weniger als 90 frostfreien Tagen ist im allgemeinen die Anbaugrenze für Kulturpflanzen erreicht.

Die Extremtemperaturen sind aber nicht nur Gegenstand von Singularitätenforschungen geworden. Gerade die oft benutzten Adjektive „mild“, „streng“, „heiß“, „kalt“ u.a.m. sind aufgrund von solchen Extremwerten exakter definiert und damit der Klimatologie nutzbar gemacht worden. Dabei sind die Zahlen der Tage mit bestimmten Temperaturwerten bzw. Kälte- und Wärmesummen (z.B. von HELLMANN, 1917) Ausgangspunkt einer Typenbildung für Sommer und Winter geworden. Im Vergleich mit pflanzengeographischen Erscheinungen haben solche, z.T. die Vegetationsperiode unmittelbar berührenden Aussagen eine landschaftskundliche Bedeutung bekommen. Im Detail haben diese klimatologischen Daten Indikatoreneigenschaften für die Pflanzen- und Agrargeographie. Interessant ist in diesem Zusammenhang auch der Versuch von BURCHARD und HOFFMANN (1958), die Häufigkeitsverteilung der Erdbevölkerung auf die Mittel der Extremtemperaturen zu beziehen:

Tab. 9:

T_{max} / T_{min}	5°	10° C	15° C	20° C	25° C	30° C	35° C	40° C	45° C	50° C	Summe der Bewohner 10^6	%
25° C	–	–	–	–	–	0,2	76,5	–	–	–	76,7	3,0
20° C	–	–	–	–	–	17	111	–	–	–	128	5,1
15° C	–	–	–	–	1,5	6,5	195	84	–	–	287	11,3
10° C	–	–	–	4	11	42	37	96	47	–	237	9,4
5° C	–	–	–	7,8	0,2	18	6	14	52	–	98	3,9
0° C	–	–	0,1	2,8	3,7	1,5	105	31	125,8	0,1	270	10,7
– 5° C	–	–	0,3	3,3	2	105	107	217	0,2	0,2	435	17,2
–10° C	–	0,1	0,1	0,1	59	54,7	51	110	–	–	275	10,9
–15° C	–	–	–	–	–	40	150	15	–	–	205	8,1
–20° C	–	–	–	–	5,9	6,1	154	4	–	–	170	6,7
–25° C	–	–	0,1	–	0,2	13	188	9,7	–	–	211	8,3

Fortsetzung Tab. 9:

T_{max} / T_{min}	5°	10°C	15°C	20°C	25°C	30°C	35°C	40°C	45°C	50°C	Summe der Bewohner 10^6	%
−30°C	–	–	–	–	2	9	15	10	–	–	36	1,4
−35°C	–	–	–	0,6	2	18,4	21	–	–	–	42	1,7
−40°C	–	–	–	–	0,6	15,6	17	2,3	–	–	36,5	1,4
−45°C	–	–	–	0,1	0,2	6,9	3,8	–	–	–	11	0,4
−50°C	–	–	–	0,3	0,6	2,4	5,7	–	–	–	9	0,4
−55°C	–	–	–	–	0,1	2,2	–	–	–	–	2,3	0,1
−60°C	–	–	–	–	–	0,5	–	–	–	–	0,5	>0
Summe d. Bew. 10^6	–	0,1	0,6	19	89	360	1243	593	225	0,3	2530	100
Summe d. Bew. %	–	0	>0	0,8	3,5	14,3	49,0	23,5	8,9	>0	100	

Dabei erkennt man den engen Maximatemperaturbereich – rund 90% der Menschen leben in Gebieten mit mittleren Extremwerten zwischen 30° und 40° – und das breitere Spektrum im Minimatemperaturbereich.

Mit der Höhe nimmt im allgemeinen die Temperatur ab. Der vertikale Temperaturgradient wird pro 100 m angegeben und beträgt bei trockener Luft 1°C. Er unterliegt sowohl im Tages- als auch Jahresgang bemerkenswerten Schwankungen. Im Laufe des Tages erreicht der Gradient in der warmen Mittagszeit mit trockener Luft seinen höchsten Wert (Brocken: 14^{oo}h: 0,80°; 24^{oo}h: 0,48°). Im Jahresverlauf sind die Frühjahrs- und Frühsommermonate in allen Teilen der Erde diejenigen mit den höchsten vertikalen Temperaturgradienten (Ostalpen: Juni 0,69°; Dezember 0,48°; Südindien: März/April 0,67°, Dezember 0,60°). Geographische Bedeutung erlangen solche Berechnungen dadurch, daß bei einer Betrachtung über die ganze Erde Gebiete mit unterschiedlichen Gradienten ermittelt werden können. Sind die Gradienten groß, so ergibt sich auf kurzer Strecke eine raschere und vielgliedrige Folge von Höhenklimaten. Beispiele sind die gemäßigten Breiten abseits der Ozeane und die Mittelmeerländer. Im ozeanischen Klima dagegen ist der Vertikalgradient der Temperatur nur klein, so daß die Temperaturen in der Höhe auch nur wenig erniedrigt sind. Somit fehlt eine prägnante Höhenstufung. Eine bekannte Gliederung haben LAUTENSACH und BÖGEL (1956) aufgestellt, die die klimatypische Ordnung deutlich macht (siehe S. 26).

Eine Auswirkung auf die agrar- und biogeographischen Erscheinungen ist von der in Südamerika erstellten Höhengliederung nach Temperaturwerten bekannt:

Tierra caliente:	Jahrestemperatur über 24°: Leitkultur Kakao
Tierra templada:	Jahrestemperatur 24° bis 18°: Leitkultur Kaffee
Tierra fria:	Jahrestemperatur 18° bis 12°: Leitkultur Getreide, Obst
Tierra de Páramo:	Jahrestemperatur 12° bis 6°: Leitkultur Kartoffeln
Tierra helada:	Jahrestemperatur kleiner 6°: ungenutzt

Typen des Jahresganges (z.T.in Anlehnung an die Klimatypen KÖPPENS	Möglichkeit des charakteristischen Vorkommens	Maximum des Vertikalgradienten		Minimum des Vertikalgradienten	
		Jahreszeit	Größenordnung in °C/100 m	Jahreszeit	Größenordnung in °C/100 m
Af-Typ	Af- und Am-Klimabereich	Monate mit geringerem Niederschlag	>0,5	Monate mit großen Niederschlagshöhen	≧0,5
Aw-Typ	Aw-Klimabereich	Trockenzeit	>0,6	Regenzeit	≧0,45
BW-Küstentyp	Küstenwüsten an den Westseiten der Kontinentein den Tropen u. Subtropen	vorwiegend Sommerhalbjahr	<0,4	vorwiegend Winterhalbjahr	≦0,2
BW-Zentraltyp	heiße Inlandwüsten der Tropen und Subtropen	Sommerhalbjahr	≧0,8	Winterhalbjahr	>0,5
Cs-Typ	sommertrokkene Klimate der Subtropen	Winterhalbjahr	>0,5	Sommerhalbjahr	<0,5
Normaltyp	winterkühle bzw. -kalte Klimate der gemäßigten Breiten	Sommerhalbjahr	≧0,6	Winterhalbjahr	0–0,5
Maritime Abart des Normaltyps	Westküstensäume der gemäßigten Breiten	Frühling	>0,5	Winter	0–0,5
Kältepoltyp	Räume um die Kältepole der Nordhalbkugel	Sommerhalbjahr	>0,6	Winterhalbjahr	<0
Polartyp	Eiskappen der polaren Festländer	Sommerhalbjahr	≦0	Winterhalbjahr	<0

Naturgemäß liefern die Tropen mit ihrem thermisch jahreszeitenlosen Klima klarere vertikale Abstufungen als die höheren Breiten um 40–60° mit ihren großen Temperaturschwankungen zwischen Winter und Sommer, die zu einer breiten Verwischung der Grenzen führen.

3 Das Wasser in der Atmosphäre

Mit dem Begriff der Luftfeuchtigkeit sind drei Vorgänge erfaßt, die als Verdunstung, Kondensation und Niederschlag großes Gewicht bei der Abgrenzung von Klimatypen haben. Die Luftfeuchte tritt im allgemeinen als Wasserdampf und damit als unsichtbares Gas mit 2–5 % vor allem in den untersten 2.000 m der Atmosphäre auf. Als solches kann es schneller als das terrestrische oder ozeanische Wasser transportiert werden. Abgesehen davon, daß alles Leben auf der Erde vom Wasser abhängt, sind auch viele andere Prozesse, wie z.B. die Verwitterung, Bodenbildung, Reliefformung u.a. qualitativ und quantitativ an das Vorkommen von Wasser gebunden.

31 Luftfeuchtigkeit und Verdunstung

Man mißt das Wasser der Luft in g/m³ und bezeichnet den bei der jeweiligen Temperatur maximal möglichen Wasserdampfgehalt als absolute Feuchtigkeit:

°C	g/m³
–10	2,16
± 0	4,85
+10	9,40
+20	17,30
+30	30,37
+40	51,12

Diese kurze Tabelle zeigt das raschere Ansteigen des Wasserdampfgehaltes der Luft gegenüber dem Temperaturanstieg. Daraus resultieren die großen Wassermengen in den tropischen Gebieten, die bei geringen Temperaturerniedrigungen als Niederschläge frei werden können. Umgekehrt bedeutet auch nur geringe Erwärmung der Luft in Gebieten mit absinkender Tendenz wie etwa im subtropischen Hochdruckgürtel eine starke „Austrocknung“ . BLÜTHGEN (1966) folgert daraus zu Recht, daß „die Relation von Temperatur und absoluter Feuchte als eines der klimatologisch wichtigsten Grundgesetze“ gelten muß.

Der Atmosphäre wird das Wasser durch die Verdunstung (evaporation) zugeführt. Auf diesen Vorgang nimmt eine Reihe von Faktoren entscheidenden Einfluß. Die durch Verdunstung mitgeteilte Wassermenge hängt von der Ausgangsfläche (Festland, Ozean) und der Temperatur (Breitenkreislage) ab. Hauptquellen des atmosphärischen Wasserdampfes sind die Meere und Seen, wie eine Tabelle von G. WÜST zeigt. Wenn auch der dort für das Weltmeer angegebene Mittelwert von 84,2 cm/Jahr später auf 93 cm pro Jahr korrigiert wurde, und die Tabelle 10 insgesamt auf Schätzungen beruht, so sind doch wichtige Erkenntnisse für die Beziehung „Wasserhaushalt und Klima" daraus zu entnehmen.

Zone	Weltmeer		Festland		Ganze Erde	
	Areal Mill. km²	Höhe in cm	Areal Mill. km²	Höhe in cm	Areal Mill. km²	Höhe in cm
90–80° N	3,5	5	0,4	5	3,9	5
80–70° N	8,2	9	3,4	9	11,6	9
70–60° N	5,6	12	13,3	12	18,9	12
60–50° N	10,9	40	14,7	36	25,6	38
50–40° N	15,0	70	16,5	33	31,5	51
40–30° N	20,8	96	15,6	38	36,4	71
30–20° N	25,1	115	15,1	50	40,2	91
20–10° N	31,5	120	11,3	79	42,8	109
10– 0° N	34,0	100	10,3	115	44,1	103
0–10° S	33,7	114	10,4	122	44,1	116
10–20° S	33,4	120	9,4	90	42,8	113
20–30° S	30,9	112	9,2	41	40,2	96
30–40° S	32,3	89	4,1	51	36,4	85
40–50° S	30,5	58	1,0	50	31,5	58
50–60° S	25,4	23	0,2	20	25,6	23
60–70° S	17,1	9	0,8	10	18,9	9
70–80° S	3,1	5	8,5	5	11,6	7
80–90° S	0,0	0	3,9	5	3,9	5
Zusammen	361,1	84,2	148,9	50,4	510,0	74,3

Von den Polen zum Äquator nimmt die Verdunstungsmenge auf dem Festland allgemein zu (Abb. 7). Die relativ geringen Unterschiede zwischen 30° und 50/60° beruhen in erster Linie auf der durch die Zyklonen der Westwindzone weitreichenden Durchmischungen von Kalt- und Warmluft über homogenen Festlandsgebieten. Das absolute Maximum auf der ganzen Erde liegt nicht in äquatorialen Breiten des Ozeans, sondern auf dem Festland als Folge einer durch die tropischen Regenwälder starken Transpiration. Die Verlagerungen der Maxima über dem Weltmeer vom Äquator zu den Wendekreisen ist eine Folge der Passatwirkung (Lufterneuerung) und der starken Bewölkung in den Innertropen.

Die Verdunstung bedeutet in jedem Fall einen Energieverbrauch. Er liegt etwa bei folgenden Größenordnungen (BUDYKO, 1948):

Tab. 11

	Ozean	Festland
	(kgcal/cm²/Jahr)	
70° N	40	10
		40
30°	100	10
		20
0°	60	40
		30
30°	100	20
		40
60° S	60	–

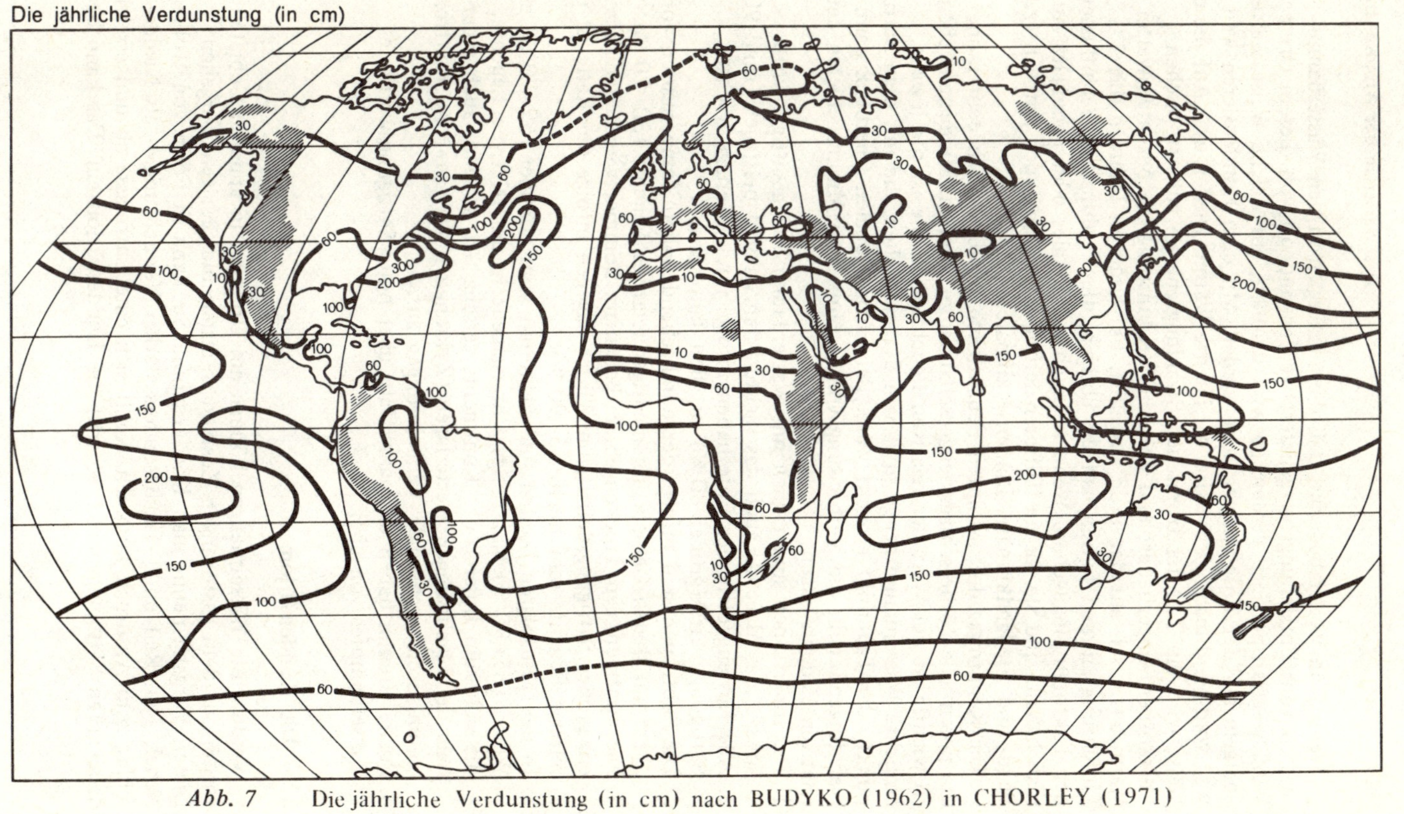

Abb. 7 Die jährliche Verdunstung (in cm) nach BUDYKO (1962) in CHORLEY (1971)

Wenn man weiter bedenkt, daß diese Energien in den Wasserdampfmassen vom Entstehungsort geliefert werden und oft von diesem Ort per Wind wegtransportiert werden, so wird deutlich, auf welche Weise Wärmeenergien auf der Erde ausgetauscht werden. Mit dem Kondensieren weit weg vom Verdunstungsort wird die latente Wärme wieder frei. Auf diese Weise wird ein Teil der tropischen Strahlungsenergie außertropischen Luftkörpern angegliedert und über die Verdunstung ein beachtenswerter Wärmeaustausch auf der Erde ausgelöst. Es würde im Rahmen dieser Einführung zu weit führen, auf die übrigen, die Verdunstung beeinflussenden Faktoren einzugehen. Wenn sie auch nur lokales oder regionales Ausmaß haben, sind sie für die Differenzierung von Klimatypen nützlich (z.B. Wald- und Freilandklimate, Binnenseeklimate).

Die Kenntnisse der absoluten Feuchtigkeit in der Luft bedeuten aber, die potentielle Niederschlagsmenge schätzen zu können. Mindestens ebenso wichtig ist der Wert der relativen Feuchtigkeit. Sie ist die jeweils erreichte Wasserdampfmenge in % von der möglichen, die mit dem Sättigungspunkt oder Taupunkt erreicht wäre. Bei einem globalen Überblick kann man folgendes für die Verbreitung von Maxima- und Minimagebieten der relativen Feuchte sagen:

1. Die Innertropen sind täglich mit Wasserdampf voll gesättigt, wozu sowohl das Meer als auch das dichte Pflanzenkleid beitragen (rund 90 %).
2. Alle Küstengebiete der Erde haben infolge ihrer Meerlage höchste Sättigungswerte (größer 80 %) zu allen Jahreszeiten.
3. Die Subtropen sind infolge der durchgehend hohen Temperaturen vor allem am Boden Gebiete mit niedriger relativer Feuchte (30–20 %).
4. Die kontinentalen Trockengebiete haben im Sommer wegen der Hitze ein großes Sättigungsdefizit, im Winter dagegen infolge der Kälte ist die relative Feuchte sehr hoch (75–90 %).
5. In den gemäßigten Breiten sind nicht nur vom Sommer (65–70 %) zum Winter (85–90 %) langfristige Unterschiede in der relativen Feuchte, die sich zum Inneren des Kontinents verschärfen, sondern auch innerhalb der regelmäßigen Wetterlagen (Zyklonen mit Warm- und Kaltfront) treten rasch wechselnde Veränderungen auf.
6. Polare Breiten haben das ganze Jahr über hohe Sättigungswerte des Wasserdampfes von über 90 %.

32 Die Kondensation

Verdunstete Wassermengen können am Ort oder in anderen Gebieten wieder aus dem gasförmigen Zustand in festen und flüssigen übergehen. Diesen Vorgang nennt man Kondensation. Sie kann in Form von Wolken, Nebel, Tau, Reif und – in besonders starker Verdichtung – als Niederschlag zum Ausdruck kommen. Kühlt sich eine Luftmasse ab und erreicht dabei ihren Sättigungspunkt, so tritt die Kondensation ein. Das kann bei

Durchmischung mit kälterer Luft geschehen. Abkühlung tritt auch bei adiabatischen Vorgängen ein, die meistens zur Wolkenbildung führen. Schließlich führen Wärmeverluste bei Ausstrahlung zur Kondensation in Form von Nebel.

In allen Fällen sind Kondensationskerne notwendig. Sie stammen selbst noch in höheren Schichten der Atmosphäre aus Salzkristallen des Ozeans, die infolge konvektiver und turbulenter Vorgänge aus dem Spritzwasserbereich kommen. Dazu tritt eine Reihe von Kernen, die bei natürlichen und anthropogen ausgelösten Verbrennungsprozessen entstehen (Vulkane, Industrie). Es handelt sich um Salze der schwefligen Säuren, Oxidationsstufen des Stickstoffs, Ammoniak und Wasserstoffperoxid . Darüber hinaus können bei extremen Sättigungsgraden auch Ionen als Kondensationskerne fungieren. Im übrigen variiert die Zahl der Kerne sowohl nach den Verhältnissen auf der Erdoberfläche als auch nach der Höhe, wie Tabellen 12 von JUNGE (1951) bzw. LANDSBERG (1938) zeigen:

Meßstandort	Orte	Zahl der Beobachtungen	Kernzahl pro cm³ Mittel	mittl. Maximum	mittl. Minimum	absol. Maximum	absol. Minimum
Großstadt	28	2 500	147 000	379 000	40 100	4 000 000	3 500
Kleinstadt	15	4 700	34 300	114 000	5 900	400 000	620
freies Land	25	3 500	9 500	66 500	1 050	336 000	180
Ozean	21	600	940	4 680	840	39 800	2

Höhe in m	Zahl der Kerne pro cm³
0– 500	22 800
500–1 000	11 000
1 000–2 000	2 500
2 000–3 000	780
3 000–4 000	340
4 000–5 000	170
5 000–8 000	80

Aus beiden Tabellen wird die enge Abhängigkeit von terrestrischen Verhältnissen deutlich.

Erstes Produkt der Kondensation in Erdnähe ist der Nebel, der sich vom Dunst nur durch die Durchsichtigkeit (Nebel: Sicht bis 1 km; Dunst: Sicht bis 4 km) unterscheidet. Wolken entstehen wie der Nebel; sie schweben frei in der Luft, während der Nebel mehr oder weniger eng dem Boden aufliegt. Mischungsnebel entstehen beim Zusammentreffen von Luftmassen verschiedener Temperaturen. Bevorzugte Gebiete auf der Erde sind die kalten Meeresströmungen wie Kanaren-, Peru-, Benguela- und Labradorstrom, sowie Oya-Schio mit 50 bis 120 Nebeltagen im Jahr. Außerdem sind alle Grenzgebiete zwischen polaren bzw. kontinentkalten Luftmassen und warm-gemäßigt-ozeanischen vom Nebel betroffen. Von lokal enger begrenzter Ausdehnung ist der Strahlungsnebel, der sich bei ruhender Luft an ausstrahlungsstarken Stellen der Erdoberfläche bildet. Er kann dabei große Hohlformen wie die niederrheinische Bucht oder ebene Naßgebiete wie kleine Wiesenniederungen gleichermaßen dicht überziehen. Verkehrsbehinderungen großen Ausmaßes auf See (z.B. Neufundland) oder auf dem Lande (Flughäfen wie London oder Talstraßen) sowie in Kombination mit extremen Rauchkondensationskernen die Smog-Bildung über Großstädten sind spürbare Folgen in einem Gebiet mit Nebelprädestination, die kartographisch noch einer differenzierten Darstellung für die Praxis harren. Wie komplex der Begriff Nebel ist, zeigt eine Übersicht (Tab. 13) über Häufigkeit der Tage mit Nebel in England in % der Jahressumme nach HANN-SÜRING (1939):

	I	II	III	IV	V	VI	VII	VIII	IX	X	XI	XII	Jahr
Küste	7	4	6	6	10	15	14	15	10	5	4	4	110
Inland	18	10	8	3	1,5	1	0	3	5	16	16	19	206

Das sommerliche Maximum beruht darauf, daß warme Luft vom europäischen Kontinent kaltes Meereswasser überstreicht und Englands Küsten Nebel beschert. Im Winter dagegen herrschen im Binnenland Strahlungsnebel. Aber auch andere lagebedingte Einflüsse kehren in der Zahl der Nebeltage wieder, wie z.B. Lage an der Küste (Hamburg), im offenen Meer (Helgoland), im Gebirge (Brocken) oder im Lee (Halle). Tabelle 14 von HANN-SÜRING (1939):

Monat	Helgoland	Hamburg	Königsberg	Potsdam	Halle a. S.	München	Brocken (1142 m)	Zugspitze (2964 m)
Januar	7,8	9,5	6,3	5,0	2,4	8,5	25,2	16,9
April	5,1	3,5	2,9	1,8	0,8	2,2	21,9	23,3
Juli	1,6	1,0	1,0	1,4	0,2	0,3	20,9	25,6
Oktober	2,4	8,7	5,3	6,8	5,1	11,7	24,5	17,6
Jahr	46,4	66,3	46,1	43,3	23,9	61,4	273,9	248,0

Optisch und figürlich eindrucksvoller ist die Kondensationsstufe der Wolkenbildung. Dieser augenfällige Vorgang und der Formenreichtum haben schon früh die Wolken zu Klassifikationsobjekten gemacht, zumal sie durch ihr regelhaftes Auftreten bei bestimmten Wetterlagen auch klimatologisch als Zeiger dienen können. Wenngleich gerade die Formen ständigen Veränderungen unterworfen sind, die durch Kondensation und Wiederauflösung in unsichtbaren Wasserdampf zustande kommen und von daher das Wort von DOVE, daß die Wolke nichts Fertiges, kein Produkt, sondern ein Prozeß sei, zu erklären ist, gibt es doch eine Reihe von physikalischen Fakten, die eine Klassifizierung sichern. Tröpfchengröße hat DIEM (1948) veranlaßt, die Wolken nach Stratocumulus (7,9 μ), Cumulus (8,9 μ), Altostratus (10,6 μ), Stratus (12,9 μ), Nimbostratus (13,2 μ), und Cumulonimbus

(14,6 μ) einzuteilen. Später wurden für den internationalen Wolkenatlas 4 Familien der Höhe nach und 10 Gattungen nach den Formen unterschieden:

Erste Familie: obere Wolken (mittlere Mindesthöhe in gemäßigten Breiten 6000 m)
1. Gattung: Cirrus (abgekürzt Ci), Form b.
2. Gattung: Cirrocumulus (Cc), Form b.
3. Gattung: Cirrostratus (Cs), Form c.

Zweite Familie: mittlere Wolken (mittlere Höhengrenze 6000–2000 m)
4. Gattung: Altocumulus (Ac), Formen a und b.
5. Gattung: Altostratus (As), Form c.

Dritte Familie: untere Wolken (mittlere Höhengrenze 2000–0 m)
6. Gattung: Stratocumulus (Sc), Formen a und b.
7. Gattung: Stratus (St), Form c.

Vierte Familie: Wolken mit vertikalem Aufbau (mittlere Höhengrenze Cirrus-Höhe bis 500 m)
8. Gattung: Nimbostratus (Ns), Form a.
9. Gattung: Cumulus (Cu), Form a.
10. Gattung: Cumulonimbus, (Cb), Form a.

Wolken kennzeichnen innerhalb der Klimatypen Regelfälle von Wetterlagen und haben besondere prognostische Bedeutung. Sie kann nur kurz umrissen werden:

1. Cirren bestehen aus Eiskristallen, umfassen – oft wegen der Höhe von der Erde schlecht erkennbar – recht mächtige Luftpakete und sind meist Vorboten für eine nahende Schlechtwetterfront.
2. Die Alto-Gruppe sind Wasserformen, die teils als Decken (-stratus) oder als Einzelformen (-cumulus) auftreten. Sie sind Zeichen für in Kürze eintretenden, länger dauernden Regen. Sie entstehen an Aufgleitbahnen mit entsprechender Wellenbildung (-undulatus). In der Türmchenform (castellatus) sind die Altocumulus-Wolken Anzeiger für starke Konvektion mit Gewitterbildung.
3. Die Gattung -stratus ist mehr als die anderen von der Unterlage abhängig. Sie ist infolge mangelhafter Aufgleitbahnen niederschlagsarm und unterliegt stark wechselnden physikalischen Zuständen (rascher Wechsel von Kondensation und Verdunstung). Als besondere Form rechnet BLÜTHGEN (1966) die häufig in Bergländern auftretenden tiefhängenden Wolkenfetzen, meist unter Altostratodecken, dieser Gattung zu. Als „Regenbegleitwolken“ entstehen sie während oder nach dem Regen lokal in Tälern, an Hängen oder über Wäldern, die geradezu dampfen.
4. Die Wolken der 4. Familie haben einen ausgeprägten Vertikalaufbau. Das optisch eindrucksvollste Bild stellen die Cumulus- oder Quellwolken, deren bizarre Formen die Zellenstruktur der Luft deutlich machen. Sie sind oft Zeichen für antizyklonale Schönwetterlagen. Werden die Spitzen abgeflacht oder unscharf, so zeigen sie Vereisungsvorgänge an, die bei reifer Ausbildung als breiter Pilz oder Amboß zu Gewittern oder kalten Schauern führen (Cumulonimbus incus).

Im System einer Klimaeinteilung sind die rein formalen Angaben über die Wolkenformen ungenügend. Die Komplexität der Bildungsvorgänge, das Verharren am Entstehungsort, ihre Abwanderung, die orographische Bindung oder die Zusammenhänge mit Fronten sind Leitlinien, die für eine genetische Wolkenklassifikation notwendig sind. Diese Aufstellung in Kombination mit den Angaben über Bedeckungsgrad, Tages- und Jahresgang macht deutlich, wie schwer eine für synoptische Zwecke geeignete Wolkeneinteilung zu erstellen ist.

Dafür können die Angaben über den Jahresgang nach Breitengraden und Land-Meer-Lagen einen ersten Ansatz bieten. Im groben spiegelt diese Tabelle 15 das bekannte Bild der Verdunstungsvorgänge auf der Erde wider: Mittlerer monatlicher Bewölkungsgrad nach BROOCKS (1951).

Breite	J	F	M	A	M	J	J	A	S	O	N	D	Jahr
90–80° N	36	47	56	46	76	87	**90**	85	84	64	45	41	63
80–70° N	56	56	55	63	70	74	75	76	**78**	75	63	50	66
70–60° N	57	56	54	59	65	66	66	68	71	**72**	67	60	63
60–50° N	59	57	57	59	64	63	63	62	62	**67**	**67**	64	62
50–40° N	59	57	57	57	56	56	54	49	49	54	58	**61**	56
40–30° N	50	**49**	**49**	48	48	43	42	39	39	43	45	48	45
30–20° N	41	41	41	39	41	43	**45**	44	40	39	38	40	41
20–10° N	40	39	39	40	47	53	**59**	58	54	46	44	44	47
10– 0° N	50	48	49	53	54	56	**57**	55	53	53	53	53	53
0–10° S	54	53	53	52	50	50	50	52	53	53	53	**55**	52
10–20° S	**54**	52	52	49	46	45	43	44	43	47	49	**54**	48
20–30° S	49	**50**	**50**	47	48	48	47	45	48	47	49	**50**	48
30–40° S	53	52	54	53	55	**56**	**56**	54	55	**56**	55	52	54
40–50° S	64	65	63	64	64	67	**69**	64	66	67	67	66	66
50–60° S	76	69	71	74	**83**	82	70	69	68	71	71	75	72
60–70° S	86	80	80	72	72	66	68	74	75	77	**83**	80	76
70–80° S	64	**80**	69	69	64	47	49	59	65	74	62	63	64
Kontin.	47	47	47	48	49	**50**	49	48	48	49	49	**50**	49
Ozeane	**59**	58	58	57	58	58	**59**	58	58	**59**	58	**59**	58

Die Jahressumme beginnt mit niedrigen Werten im Polarbereich (geringe Feuchtigkeit), erreicht ihr Maximum im subpolaren Bereich infolge Kälte und zyklonal zugeströmter feuchter Luftmassen, nimmt über die gemäßigten Breiten bis zu den Subtropen ab (Wärmezunahme und Wolkenauflösung infolge absteigender Luft), um in äquatorialen Gebieten als Folge des Reichtums an Wasserdampf wieder zu steigen.

Es fällt weiter auf, daß – bis auf wenige Monate in subtropischen Gebieten – die Erde das ganze Jahr über fast zur Hälfte von Wolken beschattet wird. Wenn dennoch so hohe Prozentanteile der Sonnenstrahlung zur Erde gelangen, so liegt das an der Durchlässigkeit der Wolken und dem hohen Anteil der diffusen Strahlung.

Schließlich kann auch der von allen Klimazoneneinteilungen bekannte Niederschlagsrhythmus aus den Jahresgängen der Bewölkung abgelesen werden:

Tropen:	Sommermaximum der Bewölkung = Hauptniederschläge
Mittelmeer:	Wintermaximum der Bewölkung = Hauptniederschläge
Gemäßigte Breiten:	Frühjahrs- und Herbstmaxima der Bewölkung = Hauptregenzeit
Subpolare und polare Gebiete:	Sommermaximum der Bewölkung = Hauptniederschläge

33 Die Niederschläge

Die Niederschläge, die nach Kondensation und Verdichtung der Wasserteilchen zustande kommen, können in flüssiger Form als Regen und Tau oder in gefrorenem Zustand als Hagel, Eisregen, Rauheis oder Glatteis auftreten. Geht der Wasserdampf ohne flüssige Phase (Sublimation) in feste Form über, spricht man von Schnee oder Reif. Flüssige und feste Formen zu unterscheiden, ist im Hinblick auf die Konservierung von Wasser als Schnee oder Eis innerhalb des Erdhaushaltes geographisch sehr nützlich, wo doch rund 20 Mill. km^3 Eis auf der Erde existieren.

Es wäre – durch Messungen bewiesen – sicher nicht ganz korrekt, würde man die Jahresniederschlagssumme allein aus den Regenmengen errechnen, wenngleich fast alle Stationswerte so zustande kommen. Wie groß der Fehler dabei in Waldgebirgen durch Nebelnässen an Bäumen werden kann, zeigen Messungen von GRUNOW (1955, 1964, 1965). Der Jahreszuschlag gegenüber benachbartem Freiland beträgt:

Taunus:	30–40 % (Winter 50–60 %)
Alb:	40 % (Winter 69 %)
Rhön:	160 % (Winter 260 %)
Velelitgebirge:	180 % (Winter 400 %)
Tafelberg:	größer 300 %

Meßschwierigkeiten treten auch bei den Niederschlägen in fester Form auf, wenn sie durch Windeinwirkung aus den Meßbehältern herausgeweht oder bei Leelagenwirkung besonders stark akkumuliert werden. Schnee, Hagel oder Graupel sind Indikatoren für Entstehungsvoraussetzungen, Fallgeschwindigkeit und physikalischen Zustand der durchmessenen Luftschichten. Die Größe der Schneeflocken gibt Aufschluß über die Temperaturzustände im Entstehungs- und Fallbereich. Auch auf der Erde bildet gerade der Schnee ein hydrogeographisch und mikroklimatisch hochwirksames Phänomen. Im ersten Fall konserviert der feste Niederschlag die Wassermenge und läßt sie hydrologisch erst sehr viel später aktiv werden. Im zweiten Fall treten Albedo und Wärmekonservierung ein, deren Wirkungsgröße sich nach dem Zustand der Schneedecke (Neuschnee, Altschnee, Firn) richtet. Dabei werden vom Pulverschnee die kurzwelligen Strahlen zu 75–90 % reflektiert, während die langwelligen ganz absorbiert werden. Altschnee dagegen hat ein Albedo von 50 %. Diesen Unterschieden entsprechen sich auch die Temperaturgänge über Schneedecken. Neben Schnee sind Eisregen (Regen fällt durch frostkalte Bodenluft), Graupeln, Hagel oder Schloßen, Reif, Rauhreif und Rauheis an besondere Temperaturverhältnisse, Konvektionen oder Luftverwirbelungen gebunden. Ihre geographische Bedeutung ist – gemessen am Regen-, Nebel- und Schneeniederschlag – geringer.

Das Faktum „Schneefall" wird zu einem klimageographischen Faktor (Abb. 8), wenn Zeit und Raum zur Diskussion stehen. Zahl der Tage mit Schneefall und Schneedeckendauer sind Größen, die für eine Differenzierung in biologischer und hydrologischer Hinsicht entscheidend sein können. Man rechnet in Europa allgemein mit 50–60 Schneefalltagen, wenn eine Dauerschneedecke entstehen soll. Diese Grenze deckt sich etwa mit der –3°-Isotherme des kältesten Monats. Naturgemäß kann das nur ein grober Richtwert sein. Temperatur, Schneemenge und auch Verdunstungsintensität sind Faktoren, die von Ort zu Ort oft sehr unterschiedliche Schneedeckenverhältnisse erzeugen können. Die großen Schneeniederschläge Westskandinaviens lassen eine Schneedecke auch bei zeitweise positiven Temperaturen intakt. Umgekehrt bedeutet lang anhaltender, extrem tiefer Frost in Innerasien, daß durch die starke Verdunstung in einem kontinentalen Klima Schnee aufgebraucht wird und Schneedecken nur kurzzeitig erhalten bleiben.

Unregelmäßig, aber jeden Winter wiederkehrend, sind Schneedecken bis zur +4°-Isotherme des kältesten Monats zu finden. Hier spielt vor allem die Lage der Zugbahnen von winterlichen Zyklonen für Ausdehnung und Zeitdauer einer geschlossenen Schneedecke eine große Rolle. Äquatorwärts kommt nur noch sporadisch Schneefall vor. Schneedecken entstehen nicht mehr. Diese Grenze überschreitet die Wendekreise vor allem an den Stellen der Erde, die einen regen meridionalen Luftaustausch haben (Ostseiten der Kontinente).

Neben der äquatorialen Grenze des Schneefalls gibt es die Höhengrenze. Sie hat insofern besonders große Bedeutung, weil von ihr der Wasserhaushalt und -rhythmus der tieferen Umgebung bestimmt werden.
Die klimatische Schneegrenze ist definiert als jene Linie, „oberhalb der der gefallene Schnee im Jahresdurchschnitt von der Ablation (d.h. von Schmelz- und Verdunstungswirkung) nicht restlos aufgezehrt wird" (BLÜTHGEN, 1966). Niederschlagshöhe und -form sowie Temperatur sind die entscheidenden Faktoren. Die Komplexität ihrer Entstehung wird deutlich, wenn man an Expositionsunterschiede (Sonnen- und Schattenseite; Luv und Lee) oder allgemeine orographische Gegebenheiten denkt. Nach Abschätzung und Mittelbildung dieser Faktoren kommt man zur klimatischen Schneegrenze, oberhalb der das Nährgebiet der Gletscher liegt. Darüber hinaus sollte bedacht werden, daß Schneeflächen zeitweise periodischen und unperiodischen Veränderungen unterworfen sind, die eine Folge von regelmäßigen Wetterlagen oder von Temperaturen um Nullgrad sind.

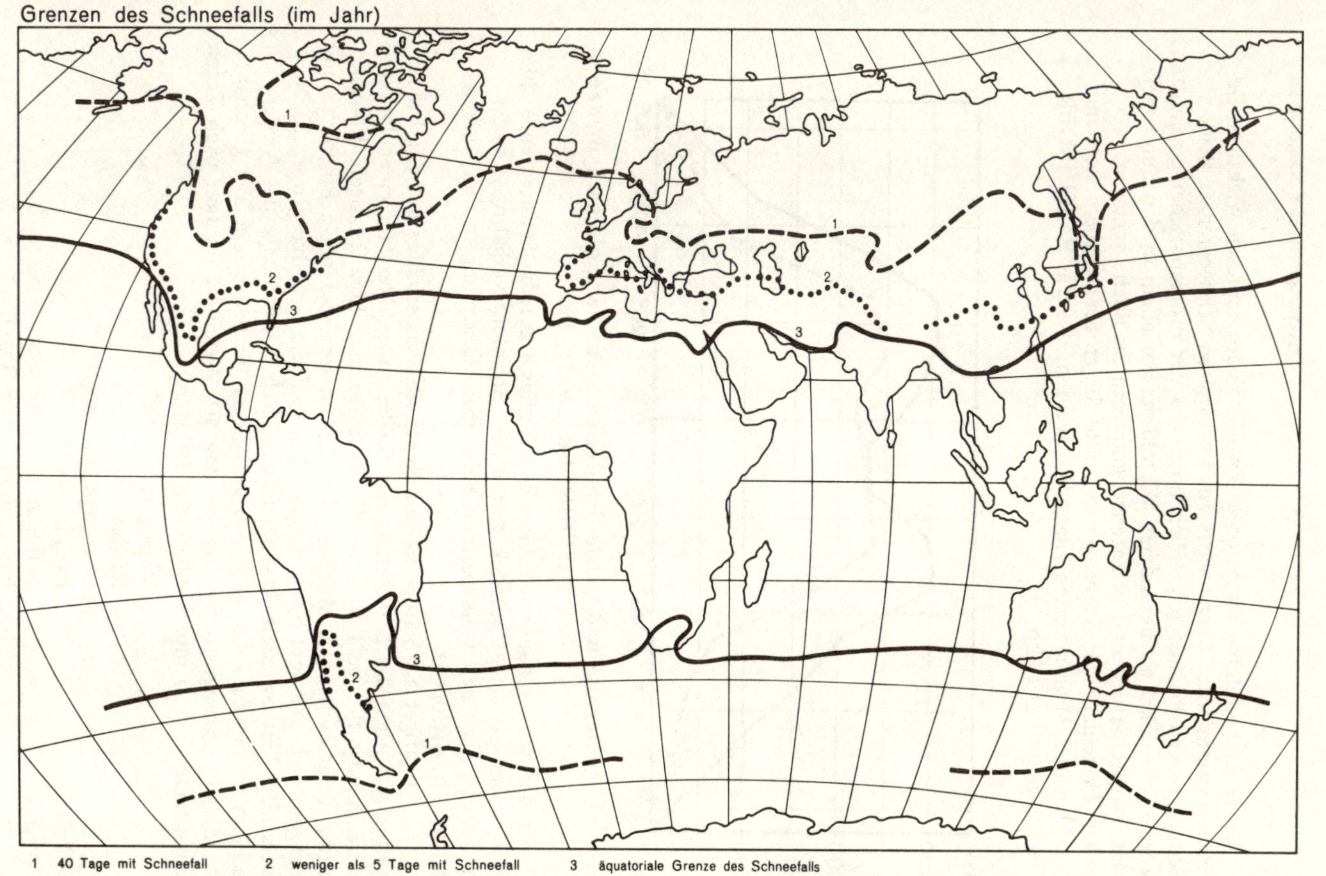

Abb. 8 Mittlere Zahl der Tage mit Schneefall (im Jahr) (nach BLÜTHGEN und PÉGUY)

Unter Einbeziehung dieses ohne Zweifel hydrographisch wichtigen Bereiches kommt man bergabwärts zur temporären Schneegrenze. Beide Schneegrenzen können schließlich noch von der orographischen geschnitten werden, die lokal als besonderes Mikroklima vor allem in den Subtropen wasserwirtschaftlich und pflanzengeographisch zu Buche schlagen.

Die Höhenlage der Schneegrenze sollte für größere Gebiete stets mit Maxima- und Minimawerten angegeben werden, wie das PASCHINGER (1912) getan hat (Abb. 9).

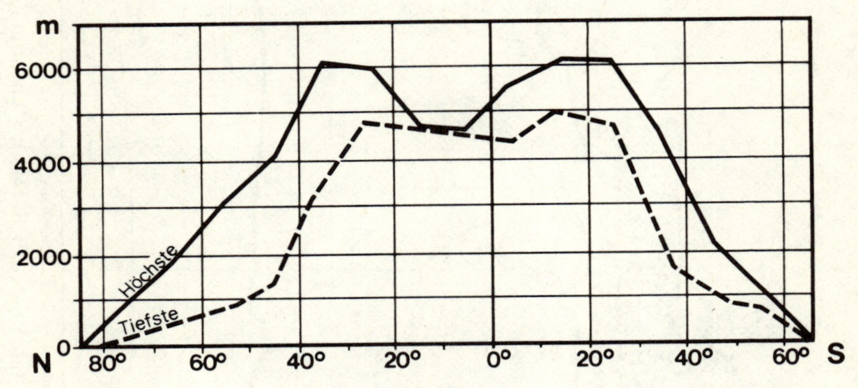

Abb. 9 Höchste und tiefste Schneegrenze auf der Erde nach Breitenkreisen (nach PASCHINGER, 1912)

Trotz der oben genannten zahlreichen Einflüsse auf die Schneegrenze spiegelt sie im globalen Überblick getreu die Strahlungsverhältnisse wider (Anstieg bis zu den wolkenarmen Subtropen, Dämpfung in den wolkenreichen Innertropen).

Weit häufiger als Schnee ist der Regen als Niederschlag auf der Erde verbreitet. Auch die Berechnung der Niederschlagshöhen für einen Punkt wird auf die flüssige Form, die Wassermenge und -höhe bezogen. Konvektion, Aufgleitvorgänge, Mischung von Luftmassen, zyklonale Einbrüche und orographisch bedingte Steigerungseffekte sind die Grundvorgänge, die Niederschläge, insbesondere Regen, auslösen. Neben der Menge des Niederschlags ist die Zahl der Tage von grundlegender Bedeutung. Bei gleicher Niederschlagsmenge ist für die Nutzung die Verteilung im Jahr nach Tagen entscheidend. 560 mm Niederschlag fallen in:

Malaga in	49,	
Igualada in	57,	
Perpignan in	86,	
Paris in	160,	
Berlin in	169	und
Bayreuth in	181	Tagen.

Noch eindrucksvoller ist die Verteilung von 375 mm, die in Doore (Mittelnorwegen) in 132, in Nullagine (Australien) in 34 Tagen fallen.

Das bekannte Profil (Abb. 10) der Niederschlagshöhe über die Erde von Pol zu Pol zeigt die drei Maximagebiete am Äquator und in den Westwindzonen. Die nur schwachen Minima in den „Trockengürteln" der Erde beruhen auf einer statistischen Verzerrung bei der Breitenkreismittelbildung, wie die Karte der Jahresmenge deutlich zeigt (Abb. 11): Die niederschlagsarme Sahara (kleiner 100 mm/Jahr) liegt breitenkreisparallel zum regenreichen Indien (größer 1 000mm), bzw. die südafrikanischen und australischen Trockengebiete (100–250 mm/Jahr) liegen auf der gleichen Breite wie die benachbarten regenreichen Drakensberge oder die australischen Alpen (1 000–2 000 mm). Im übrigen können für die einzelnen Gebiete der Erde die oben genannten Grundfaktoren der Niederschlagsbildung eingesetzt werden. Starke Konvektionen vor allem über dem Land bedingen in den äquatorialen Breiten die hohen Niederschläge.

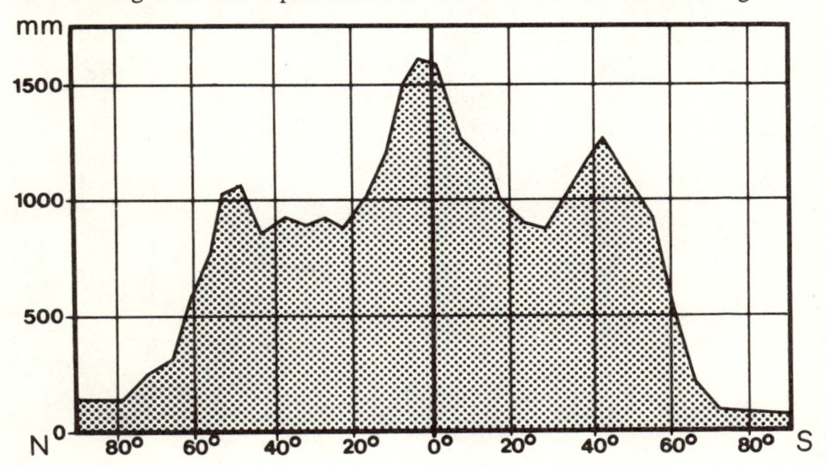

Abb. 10 Jahresniederschlagsmengen auf der Erde nach Breitenkreisen

Dort, wo orographisch Steigungseffekte vorliegen, wie in Teilen der Oberguineaküste Afrikas, werden die Zenitalregen der Tropen gesteigert (größer 3 000 mm). Besonders ausgeprägt sind die Steigungsregen dort, wo passatische Luft vom Meer auf hohe Festländer trifft, wie z.B. an der Ostseite Madagaskars, den Drakensbergen und am brasilianischen Bergland. Aber auch im außertropischen Bereich sind regelmäßige Stauerscheinungen mit hohen Niederschlägen keine Seltenheit (Südchile, Neuseeland, Südnorwegen, Schottland).

Land-Meerlagen spielen für die Abnahme der Menge besonders im Westwindgürtel, einem Bereich mit Aufgleitvorgängen und Frontenbildung, eine große Rolle. Diese Abfolge wird überlagert von Stauwirkungen durch

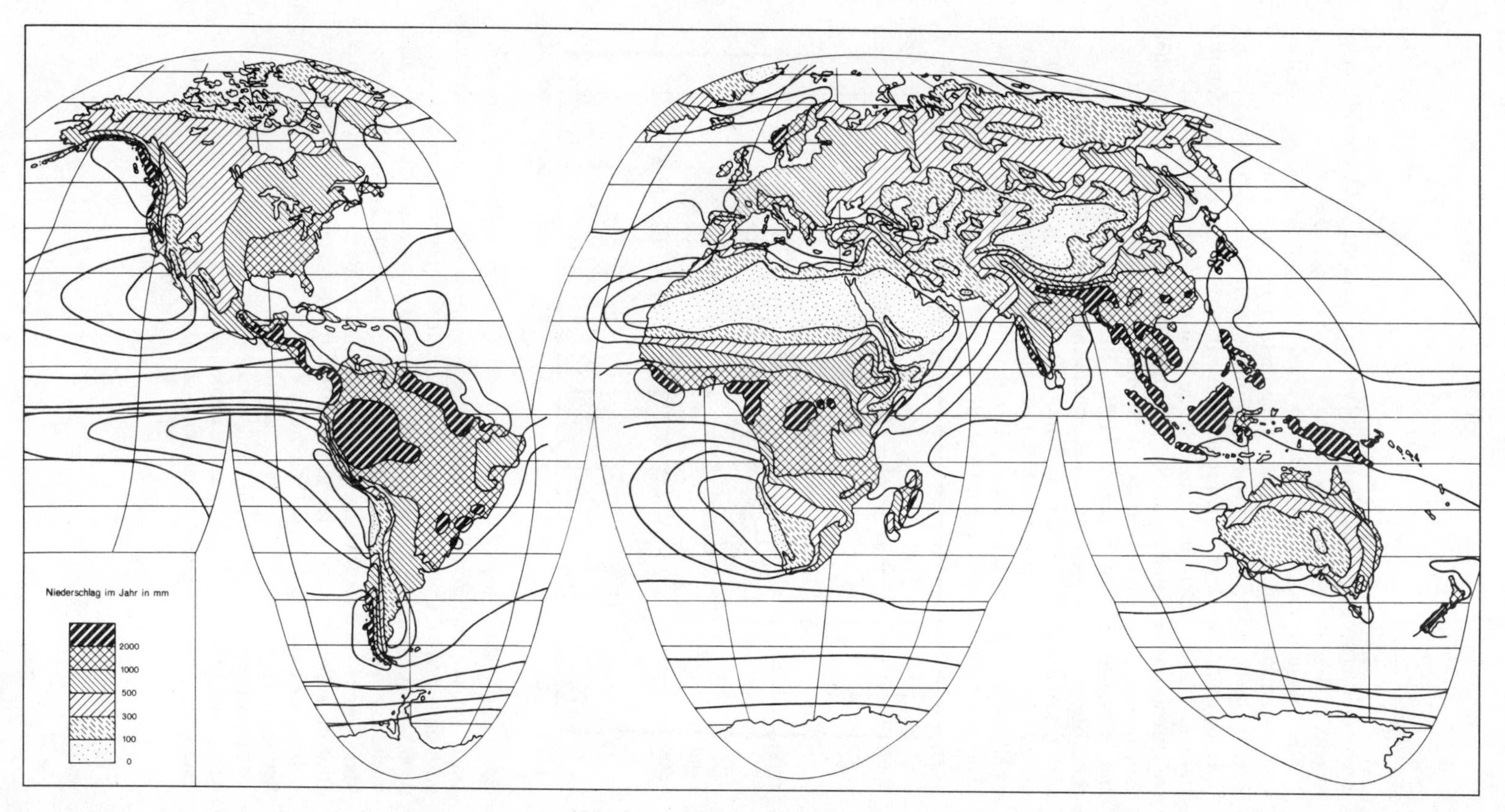

Abb. 11 Niederschlag im Jahr in mm

Gebirge, die in Nordamerika wenige 100 Kilometer von der Küste entfernt, in Eurasien erst einige 1 000 Kilometer Trockenzonen zur Folge haben (Prärie, ostukrainische Steppe). Warme Meeresströmungen an den Ostseiten der Kontinente bedingen starke Erwärmung der Luft mit Konvektion und Abwanderung auf das benachbarte Festland. Die Folgen sind zyklonale Niederschläge an den Fronten im Sommer. Aus Zyklonentätigkeit entstammen die Frontalniederschläge in den Grenzzonen zwischen dem Trockengürtel und der Westwindzone. Als Winterregen führen sie in Gebirgen mit Staueffekten zu hohen, oft 1 500 mm erreichenden Regen. Da in diesen Breiten Land- und Meerflächen innig verzahnt sind, tritt mit der Anreicherung von Wasserdampf auch eine hohe Instabilität der Luft auf, die sich in besonders heftigen Schauern äußert.

34 Die Perioden des Niederschlags auf der Erde

Diese skizzenhafte Darstellung von Beispielen für die niederschlagsauslösenden Vorgänge sowie der grobe Globalüberblick über die Gesamtmenge reichen für geographische Aussagen auch in verfeinerter Form, wie in der Karte, nicht aus. Jahresgang und Variabilität des Niederschlags sind oft folgenschwerere Erscheinungen als absolute Jahresmengen.

Eine Reihe von Faktoren bestimmt den Jahresgang des Niederschlags auf der Erde, die am Beispiel altweltlicher Stationen erläutert werden sollen (Tabelle 16, S. 42).

In den Tropen sind es die Sonnenhöchststände, deren Wärmemaximum sowohl täglich als auch jährlich mit stärkster Konvektion auch zu größten Niederschlagsmengen führt. Der doppelten Regenzeit um die Äquinoktienperiode im Frühjahr und Herbst (Libreville, Lagos) steht die einfache Sommer-Regenzeit in den Randtropen gegenüber (Bamako). Mit diesem tropischen Regime überlappt ist das monsunale Asien. Auch hier fällt die Hauptregenzeit in die Periode stärkster Erwärmung (Bombay, Nanking).

Lange Zeit wurde der subtropische Trockengürtel als uniforme Erscheinung der „episodischen" Niederschläge abgetan. Mit Verdichtung des Stationsnetzes jedoch ist eine Reihe von verfeinerten Zeitdifferenzierungen möglich geworden. So sind die Niederschläge der Südsahara ausschließlich in ihrem episodischen Auftreten auf die Sommerzeit mit nach Norden abnehmender Menge beschränkt (Timbuktu, Port Sudan, Aswan). Der Nordteil dagegen hat noch weit abseits der Mittelmeerküste bereits die Tendenz des „Winterregens" (Suez).

Mit den Stationen Bengasi wurde der trockenere Süden, mit Malta der feuchtere Mittelteil und Patras der durch die Gebirge des Peloponnes durch leichte Stauwirkungen besonders feuchte Teil des Winterregengebietes als Folgen der zyklonalen Westwindlage abgedeckt.

In den mittleren gemäßigten Breiten herrscht ein bunter, aber regelhafter Wechsel der Jahreszeitengänge im Niederschlag. Vom hochkontinen-

Tab. 16:

Ort	Breite	I	II	III	IV	V	VI	VII	VIII	IX	X	XI	XII	Jahr
Libreville	0,4°	257	211	354	335	233	10	2	18	110	364	358	259	2511
Lagos	6° 35′	40	57	100	115	215	336	150	59	214	222	77	41	1625
Bamako	12° 38′	1	0	3	15	60	145	251	334	220	58	12	0	1099
Bombay	18° 54′	2	1	0	3	16	520	709	419	297	88	21	2	2078
Nanking	32° 07′	40	47	65	98	80	162	195	107	83	42	40	35	1000
Timbuktu	14° 46′	0	0	0	0	2	20	58	80	35	3	0	0	198
Khartum	15° 36′	0	0	0	0	7	5	53	35	15	3	0	0	118
Aswan	24° 02′	0	0	0	0	2	0	0	0	0	0	0	0	2
Suez	29° 56′	5	2	5	3	2	0	0	0	0	0	2	5	24
Bengasi	32° 06′	68	40	20	5	2	0	0	0	3	17	47	65	267
Malta	35° 09′	79	59	37	22	10	2	1	3	32	71	91	91	504
Patras	38° 15′	123	87	72	50	72	13	1	6	27	82	113	148	749
Werchojansk	67° 05′	4	3	3	4	7	22	27	26	13	8	7	4	128
Irkutsk	52° 16′	12	8	9	15	29	83	102	99	49	20	17	15	458
Kyzil-Arva	39° 17′	28	17	32	23	15	7	5	10	5	15	20	20	197
Kiev	50° 27′	34	32	43	45	50	75	80	55	47	48	40	38	590
Debrecen	47° 31′	30	25	36	44	66	80	76	60	48	65	51	41	633
Hannover	52° 22′	43	41	52	40	52	69	82	68	47	48	42	45	640
Nantes	47° 15′	69	55	53	52	56	58	49	51	64	91	83	76	770
Thorshavn	66° 00′	176	143	122	94	83	67	78	90	122	153	166	165	1453
Glasgow	55° 53′	81	79	67	54	65	65	78	97	77	84	94	103	945
Southampton	50° 55′	67	62	57	48	50	52	57	66	56	98	81	91	786
Puy de Dôme	45° 46′	162	150	162	138	120	138	119	134	134	136	128	140	1683
Freudenstadt	48° 28′	125	126	139	99	105	123	126	110	102	112	127	157	1474
Thule	76° 30′	2	3	5	3	5	7	20	17	8	2	7	5	84
Maud (Eis)	74° 30′	3	7	4	2	8	11	17	26	7	4	4	5	98
Evangelist Island	52° 24′	235	225	257	253	215	207	218	207	212	200	213	225	2667
Südgeorgien	54° 14′	75	118	135	133	147	122	137	115	80	75	97	87	1321

talen Gebiet Ostsibiriens findet man bis nach Mitteleuropa das Regime des sommerlichen Maximums. Differenzierend wirkt aber die Niederschlagsamplitude und Gesamtmenge. So erreichen die Winterniederschläge in ihren Minima-Monaten oft nur wenige Millimeter (Werchojansk je 3–4 von Dezember bis April). Gegen Westen zu machen sich zyklonale Einflüsse mit feuchteren Luftmassen und die starke Konvektion deutlich bemerkbar. In Irkutsk sind die Sommermonate Juni–August z.T. um das doppelte regenreicher als Küstenstationen am Atlantik in gleicher Breitenkreislage. In Mittelasien stoßen Sommer- und Winterregengebiete aneinander. So haben die Kysil-kum vorzugsweise im Winter und Frühjahr, Stationen nördlich und nordwestlich dagegen im Sommer ihr Regenmaximum.

Weiter nach Westen zu nimmt das winterliche Minimum an Schärfe ab. In Kiev und Debrecen sind die Monatswerte vom Hochwinter zum Hochsommer wie 1:3, in Hannover nur noch 1:2. Mit Überschreiten der Bug-Dnjestr-Linie wechselt das Tagesregime. Während im kontinentalen Bereich die Niederschläge – abgesehen von frontalen Vorgängen – nach stärkerer Morgen-Mittags-Konvektion erst am Nachmittag fallen (14–16 Uhr; Minimum 22–4 Uhr), verlagert sich die Spitze zum Küstengebiet auf den frühen Morgen (3–6 Uhr) als Folge stabilerer Luft über dem Meer während des Tages und Zunahme der Turbulenz infolge divergierender Ausstrahlungseffekte Wasser-Luft in der Nacht.

Gleichzeitig mit dieser tagesrhythmischen Änderung verlagert sich aber auch mit Annäherung an die Küsten das Jahresmaximum. Über frühsommerliche bis frühjährliche Höchstmengen geht das Maximum allmählich in den Herbst (Nantes) und Winter über (Thorshavn).

Ozeanische Verhältnisse mit einem relativ amplitudenarmen Niederschlagsverlauf werden im westlichen Europa nur andeutungsweise in den höheren Mittelgebirgen erreicht (Puy de Dôme, Freudenstadt). Die Britischen Inseln und die des nördlichen Atlantiks haben deutlich ausgeprägte Herbst- und Wintermaxima (Southampton, Glasgow). Dagegen hat die Westwindzone der Südhalbkugel um 52–55°S eine Reihe von Paradebeispielen für einen hochozeanischen, amplitudenfreien Niederschlagsgang (Südgeorgien, Evangelist Island).

Der polare Niederschlagsrhythmus ist durch Sommermaxima gekennzeichnet (Thule, Maud), die als Folge der Konvektion eintreten.

Der Jahresschwankung der Niederschläge sollte man – was Vergleiche der reinen Prozentangaben anbetrifft – keine so besondere Bedeutung beimessen. In den gemäßigten Breiten werden normalerweise von Defizits oder Überschüssen kaum großflächig agrarwirtschaftliche Folgen zu erwarten sein, weil es das ganze Jahr über regnet. Das gilt auch für die äquatorialen Gebiete, wenn nicht gerade besonders dürreempfindliche Kulturpflanzen wie die Ölpalme davon betroffen werden. Anders ist das in Gebieten mit periodischem Niederschlag und Regenfeldbau. Randtropen und insbesondere Monsunländer können schon bei 10–20 % Jahresschwankung in agrarwirtschaftliche Krisensituationen kommen. Auch die extrem großen Schwankungen in den Trockengebieten sind praktisch bedeutungslos, weil ohnehin Anbau ohne künstliche Bewässerung nicht betrieben wird. Dennoch ist es nützlich, einige Zahlen zu kennen, um die Größenordnung abschätzen zu können:

Innertropen	10–20 %
Randtropen	20–30 %
Trockenzone	30– über 40 %
Mittelmeerländer	20–30 %
Gemäßigte Zone:	
ozeanisch	kleiner 10 %
kontinental	10–20 %
hochkontinental	20–40 %

Einige Gebiete auf der Erde empfangen das Betriebswasser für die Pflanzen mit hohen Anteilen aus dem Tau. Er entsteht bei starker Abkühlung ohne Kondensationskerne als Flüssigkeit. Die Menge hängt von dem Ausmaß der Temperaturerniedrigung und von der Wasserdampfmenge ab. Während in den gemäßigten Breiten der Tau etwa 20 mm von 700 mm Jahresniederschlag ausmacht und nur in sehr wolkenarmen Jahren die 100 mm, d.h. 15 %, erreicht, empfangen einige Trockengebiete der Erde im Maximum jährlich bis 200 mm und damit ein Vielfaches ihres episodischen Niederschlags. Mindestens in den Grenzzonen der Wüste, den Dornsavannen und Halbwüsten, sind diese Mengen ein pflanzenphysiologisch aktivierender Faktor.

Klimatypenbildende Eigenschaften haben Kombinationen von Niederschlags- und Verdunstungsregimen unter Heranziehung von Temperaturgängen. Humidität und Aridität oder Ozeanität und Kontinentalität werden durch klimatische Haushaltsgleichungen abgegrenzt und sollen nach Darlegung der Gesamtzirkulation ausführlich behandelt werden.

4 Luftdruck und Luftbewegung

Die Bedeutung des Luftdrucks für das Klima eines Raumes ist weniger ein direkter als indirekter. Wenngleich er als Ausdruck eines Gewichtes auf die Umgebung das Wohlbefinden von Mensch und Tier beeinflußt und bei minimalen Luftdrucken Lebensgrenzen bildet, so ist doch die Folge von Druckunterschieden, der Luftausgleich oder Wind, der wichtigste Faktor der Zirkulation in der Atmosphäre. Wenn man weiter bedenkt, daß mit dieser ersten Folge, dem Wind, weitere Vorgänge ursächlich verbunden sind wie die Verteilung von Wärme und Feuchte, so wird die zentrale Stellung der Kenntnisse vom Luftdruck im Gebäude der synoptischen Klimageographie deutlich.

41 Luftdruck und Luftdrucksysteme

Der Druck wird als Gewicht der Luftsäule über einer 1 cm² großen Fläche gemessen. Man setzt die 1 033 g bei 0° und 45° Breite am Meeresspiegel = 760 mm, d.i. die Quecksilbersäulenhöhe für den Normaldruck. Heute wendet man an Stelle des Quecksilbersäulenmaßes das direkte Druckmaß an und setzt 1 000 Millibar (mb) = 750 mm Hg. Der Luftdruck nimmt mit der Höhe unstetig ab, in den untersten 1 000 m auf 8–9 m um 1 mb. Ab 4 000 m beträgt die Stufe 13 m, ab 6 000 m 17 m.

Fünf in Zellen gegliederte Gürtel liegen in allen Jahreszeiten, mehr oder weniger deutlich abgegrenzt, über der Erde, wie die Tabelle 17 von HANN-SÜRING (1939) zeigt:

Mittlerer Luftdruck im Meeresspiegel (mit Schwerekorrektion) 700 mm+

	Nord-Halbkugel			Süd-Halbkugel		
	Jan.	Juli	Jahr	Jan.	Juli	Jahr
90°	60,2	57,9	61,3	44,5	43,4	43,4
85	59,9	58,1	61,0	44,4	43,2	43,3
80	59,5	58,4	60,7	44,1	42,7	43,1
75	58,9*	58,6	59,7	43,7	42,4	42,6
70	59,3	57,8	59,2	43,2	42,0	41,9
65	60,2	57,5*	58,2*	42,4	41,2*	41,2*
60	60,8	57,7	58,7	42,3*	41,3	41,7
55	61,1	58,2	59,7	47,2	47,2	47,2
50	62,3	59,0	60,7	52,7	53,0	53,2
45	63,0	59,7	61,5	57,8	57,4	57,3
40	63,9	**60,1**	62,0	61,2	60,9	60,5
35	**64,8**	60,0	**62,4**	**61,7**	64,0	62,4

Forts. *Tab. 35*

	Nord-Halbkugel			Süd-Halbkugel		
	Jan.	Juli	Jahr	Jan.	Juli	Jahr
30	64,6	59,4	61,7	61,1	**65,3**	**63,5**
25	63,5	58,6	60,4	60,0	64,9	63,2
20	61,9	57,9	59,2	58,8	63,5	61,7
15	60,2	57,5*	58,3	57,9	62,0	60,2
10	59,0	57,7	57,9*	57,7*	60,9	59,1
5	58,2	58,3	58,0	57,7*	59,8	58,3
Äquator	57,8	59,0	58,0	57,8	59,0	58,0

Drei Tiefdrucksysteme stehen zwei Hochdruckgürteln gegenüber (vgl. auch Abb. 12).

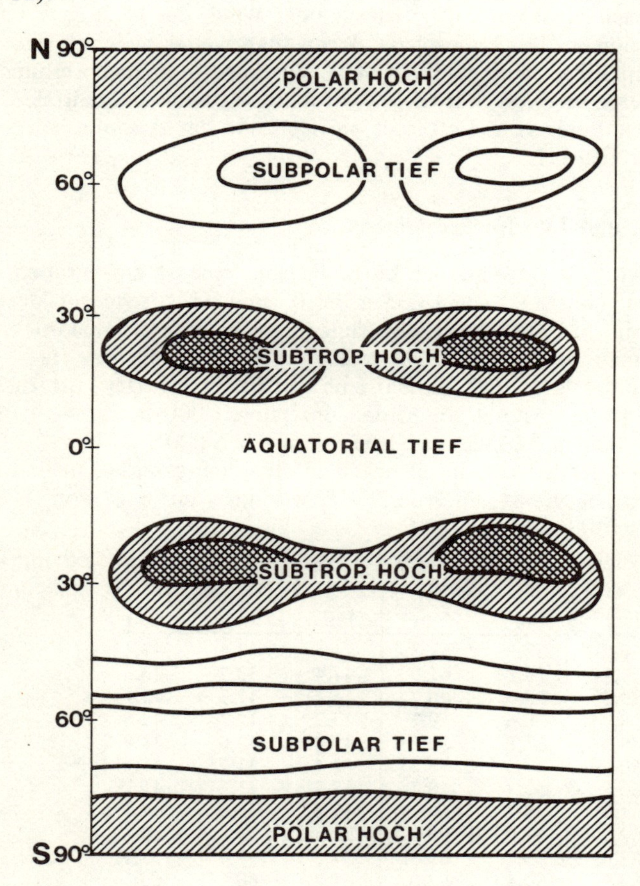

Abb. 12 Schema der wichtigsten Druckgebilde auf der Erde (nach TREWARTHA, 1968)

Relativ flach und muldenartig bis 3 km Höhe reichend, ist die äquatoriale Tiefdruckmulde ein lückenhaftes Druckgebilde. Es ist vorzugsweise auf den Festländern breit und deutlich erkennbar. Auf den kühleren Ozeanen ist die äquatoriale Tiefdruckzone sehr undeutlich. Demgegenüber sind die subtropischen Hochdruckgürtel auf beiden Erdhälften nach Druckhöhe und Breite kräftig ausgebildet. Während er im Winter auf der Nordhalbkugel auch die asiatischen Gebiete (insbes. Sibirien) mit umfaßt, hat er im Sommer dort eine große Lücke. Über der Südhemisphäre ist die subtropische Hochdruckzone dagegen als eine Kette gleichmäßig starker Glieder gestaltet. Ihre Maximazentren liegen im Sommer und Winter immer an denselben Stellen. Noch gegensätzlicher ist die Struktur der beiden außertropischen Tiefdrucksysteme. Auf der Südhalbkugel ist entsprechend dem fast einheitlichen Zustand der Erdoberfläche als Ozeane der tiefe Druck in einem geschlossenen Gürtel um die Erde zu verfolgen. Er verlagert sich das Jahr über kaum. Die Nordhalbkugel dagegen hat als Folge der Land-Meer-Verteilung keine zusammenhängende Kette von Zellen tiefen Drucks. Gebiete mit kräftigen Tiefdruckgebilden, die auch Entstehungsräume der wandernden Zyklonen sind, liegen bei Island und über den Alëuten.

Zu den im Laufe des Jahres sich periodisch ändernden barischen Verhältnissen kommen die klimatologisch ebenso bedeutungsvollen unperiodischen. Sie sind durch die mit den Druckkörpern verbundenen Veränderungen des Wetters vor allem in den beiden Westwindzonen, d.h. der ektropischen Tiefdruckrinne, zu Hause. Zyklonen und Zwischenhochs wechseln ständig ab, wobei die antizyklonale Wetterlage durch ihre zeitlich unterschiedliche Dauer das Klima in den mittleren Breiten charakterisiert. Je nach Breite der Festländer differenzieren diese unperiodischen Druckfolgen die jahreszeitlichen Druckrhythmen. Die übrigen Drucksysteme der Erde werden nur selten von unperiodischen Druckvorgängen berührt. Wenn allerdings bei Drucklockerung des subtropischen Hochdruckgürtels tropische und außertropische Druckgebilde zusammentreffen, sind die Aktivitäten besonders groß, wie die Wirbelstürme zeigen.

42 Luftbewegungen und Windzonen

Die Luft hat das Bestreben, bei Druckgegensätzen diese auszugleichen. Dies geschieht über der Erde durch Bewegung der Luft weg von Hochdruckgebieten hin zum Gebiet niedrigen Drucks. Dieses Druckgefälle – auch Gradient genannt – bestimmt durch seine Größe die Stärke des Luftaustausches im Hinblick auf die Geschwindigkeit. Dieser mehr in der Horizontalen wirksamen Luftbewegung steht eine vertikale zur Seite, die durch Erwärmung mit Bewegung von unten nach oben und seitlichem Abfluß in der Höhe bzw. Abkühlung mit Bewegung von oben nach unten und seitlichem Zufluß in der Höhe zustande kommt.

Wenn die Gradientkraft die einzige wirksame wäre, müßte die Windrichtung senkrecht zu den Linien gleichen Drucks gerichtet sein. Wetterkarten lehren, daß dies nicht der Fall ist. Die Ursache liegt darin, daß die Erde sich bewegt. Daraus resultieren zwei Scheinkräfte. Die erste entsteht dadurch, daß jeder Wind mit meridionaler Richtung die Rotationsgeschwindigkeit der Erde beibehält, die seiner Ausgangsbreite eigentümlich ist. So werden die Winde auf der Nordhalbkugel nach rechts, auf der Südhalbkugel nach links abgelenkt. Diese aus der Trägheit abzuleitende Richtungsänderung wird der Corioliskraft zugeschrieben. Die zweite Scheinkraft ist die horizontale Fliehkraft. Sie nimmt mit steigender Windstärke zu.

Wirken nur diese drei Komponenten – Gradient-, Coriolis- und Fliehkraft – auf die Luftbewegung, so spricht man vom geostrophischen Wind. Er ist mit leicht wechselnder Parallelität zu den Isobaren etwa ab 3 km Höhe über der Erdoberfläche – extreme Relieflagen wie Hochgebirge ausgeschlossen – in der freien Atmosphäre ausgebildet.

Zur Erdoberfläche hin macht sich diese durch eine Reibungswirkung bemerkbar. Naturgemäß ist die Reibung über glatten Flächen wie Meeren geringer als über der rauhen Oberfläche des festen Landes. Solche Winde, die in der Grundschicht beeinflußt werden, nennt man ageostrophisch. Diese Luftbewegungen werden umso stärker abgelenkt, je größer die Reibung ist. Sie äußert sich in einem Ablenkungswinkel, der über dem Meer 5–10°, über dem Festland 30–40° betragen kann und in Tiefs einwärts, in Hochs auswärts weist.

Im Tagesgang nimmt der Wind gegen Mittag an Geschwindigkeit immer mehr zu, was mit der thermisch bedingten Verstärkung der Turbulenz zusammenhängt. Während der Nacht ist eine Beruhigung zu vermerken. Das gilt für die untersten Luftschichten bis 100 oder 200 m Höhe. Darüber wirkt sich die Turbulenz des Mittags eher hemmend auf die Windgeschwindigkeit aus, denn hier werden nachts die schnellsten horizontalen Luftbewegungen erreicht.

Alle Eigenschaften eines Windes wie Stärke, Richtung und Veränderlichkeit werden zu einer Karte der Windverteilung auf der Erde zusammengefügt. Sie besitzt weniger direkt als vielmehr indirekt fundamentale Bedeutung für geographische, besonders klimatologische Aussagen. Neben dem Transport von Wärme und Feuchtigkeit sowohl in west-östlicher als auch meridionaler Richtung wird vor allem der Luftverkehr vom Wind unmittelbar betroffen.

Von den Windsystemen der Erde (Abb. 13 u. 14) sind diejenigen auf der Südhalbkugel entsprechend den Luftdruckverhältnissen in einer fast durchgehenden Gürtelanordnung ausgebildet. Auf der Nordhemisphäre dagegen sind sie in Zellen aufgelöst, deren Ursachen in den Druckunterschieden zwischen Festland und Ozean zu suchen sind. Darüber hinaus sind die Winde über den Wasserflächen der Südhalbkugel viel weniger jahreszeitlichen Veränderungen unterworfen als jene auf dem Nordatlantik oder Nordpazifik. Damit sind auch erhebliche Richtungsänderungen verbunden.

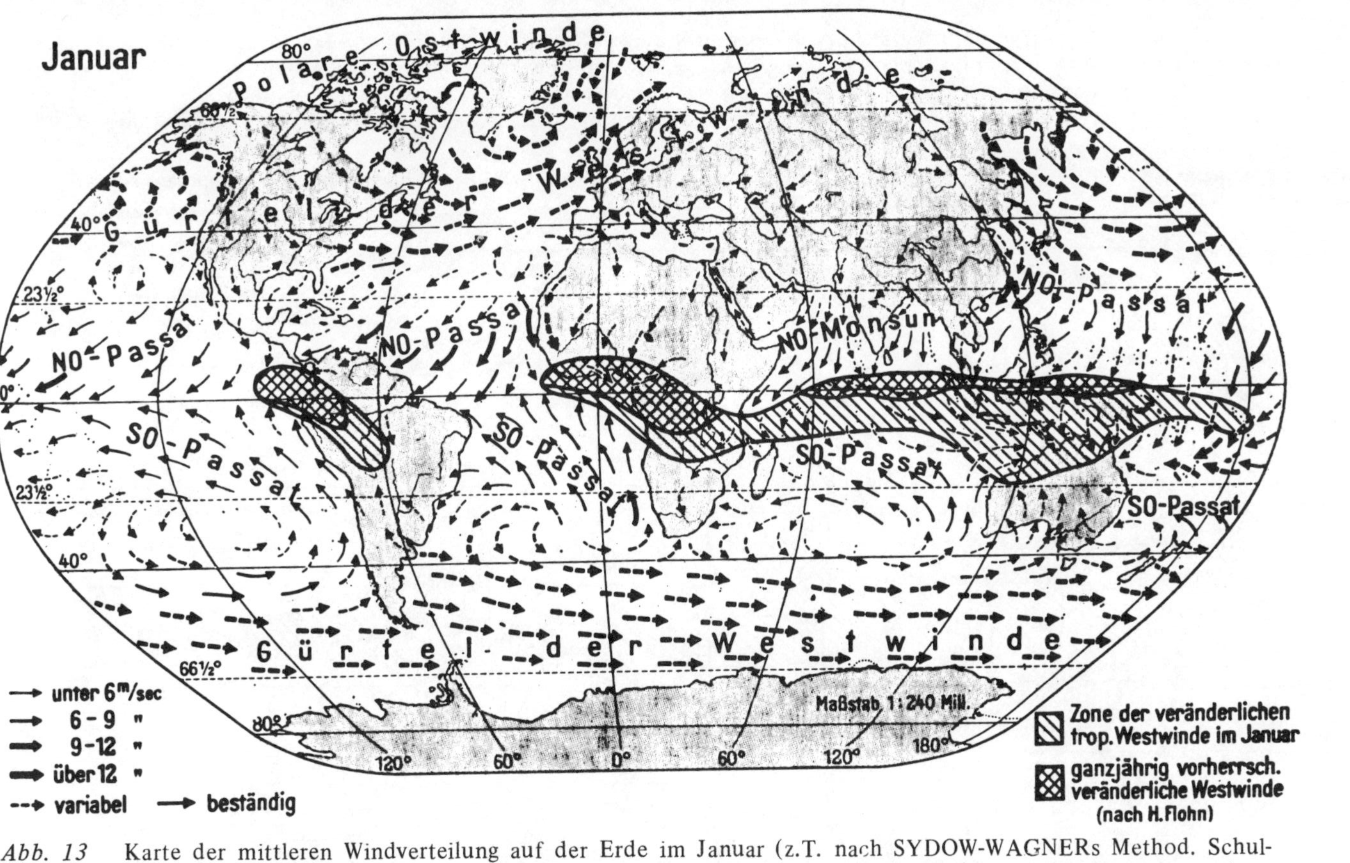

Abb. 13 Karte der mittleren Windverteilung auf der Erde im Januar (z.T. nach SYDOW-WAGNERs Method. Schulatlas, bearb. v. H. HAACK u. H. LAUTENSACH). Die Darstellung zeigt außer Windrichtung und -stärke auch die Beständigkeit an, die besonders bei der passatischen Zirkulation beider Halbkugeln hervortritt (aus BLÜTHGEN).

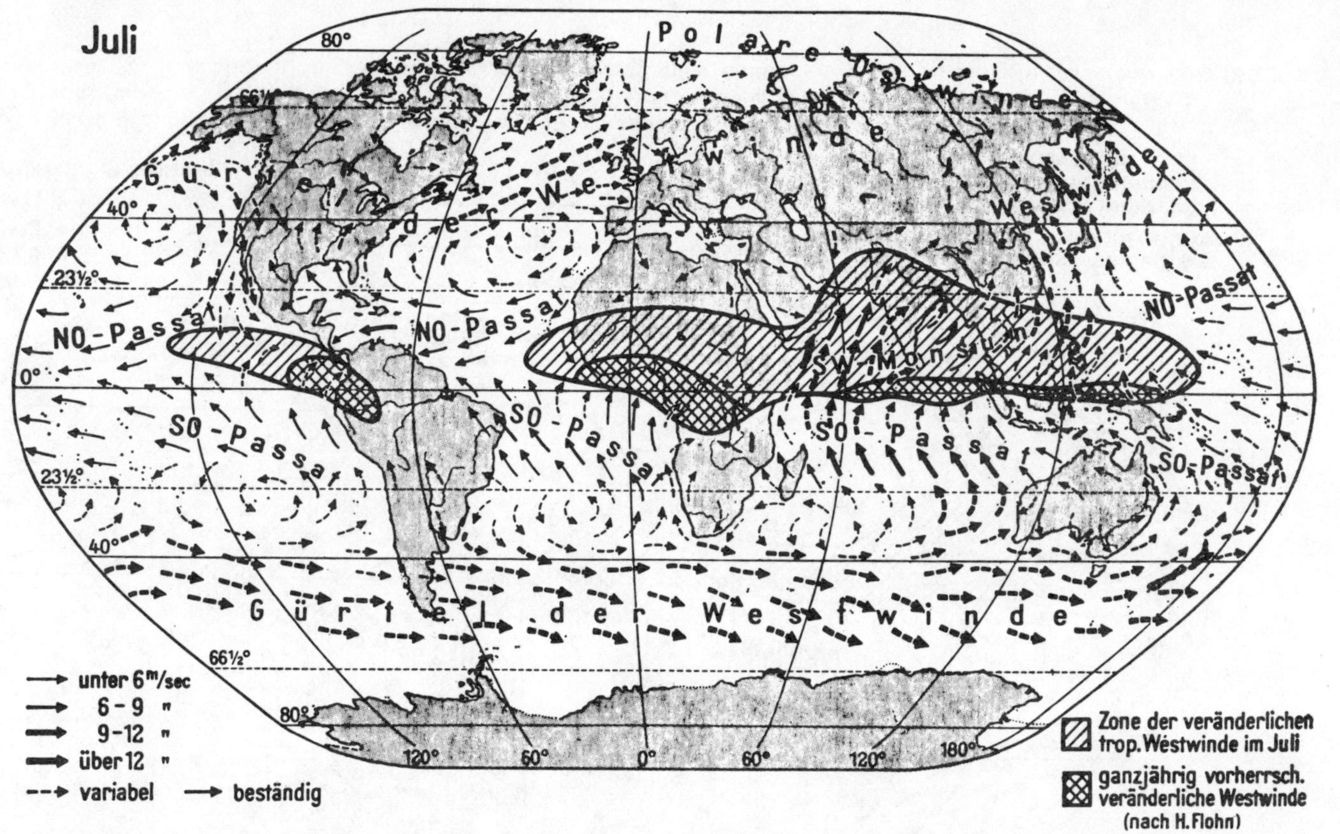

Abb. 14 Karte der mittleren Windverteilung auf der Erde im Juli (z.T. nach SYDOW-WAGNERs Method. Schulatlas, bearb. v. H. HAACK u. H. LAUTENSACH). Im Juli ist die größte Beständigkeit ebenfalls auf die Passatgebiete und außerdem auf Teile des SW-Monsuns Südasiens beschränkt. Die Windstärke ist in diesem Monat auf der Nordhalbkugel entsprechend den schwächeren Druckgradienten auffallend geringer (aus BLÜTHGEN).

Mit der erhöhten Tendenz der nördlichen Westwindzone zur Wirbelbildung kommen zu der allgemein von Westen nach Osten laufenden Luftbewegung, häufig und kurzfristig wechselnd, andere Richtungen vor. Winddrehung im Verlauf einer Zyklone von Norden über Westen nach Süden sind fast Regelfälle. Dabei sind gerade die Winde aus südwestlicher bis westlicher Richtung besonders stürmisch. Zwischenhochs bedeuten Beruhigung der Zirkulation. Sie sind in der Westwindzone der südlichen Breiten sehr kurz, so daß der Charakter der dortigen Luftbewegungen von den fast ständig mit hoher Geschwindigkeit wehenden Winden getragen werden. Dazu kommt eine für die Nordhalbkugel unbekannte Richtungskonstanz.

Sie ist das Wesensmerkmal der Passatzone, wie eine Tabelle von BLÜTHGEN (1966) zeigt:

Tab. 18

N + NE + E in % auf Barbados (Westindien)

Jahr	I	II	III	IV	V	VI	VII	VIII	IX	X	XI	XII
96	97	97	98	95	98	99	97	93	85	91	97	99

Wie stark aber auch in so ausgeprägten Windsystemen wie dem Passatgürtel Land-Meer-Einflüsse sich bemerkbar machen können, wird aus Messungen an Westaustraliens Küste in Geraldton sichtbar. Vor Aufleben der durch Erwärmung auf dem Lande starken Turbulenz am Morgen weht der SE-Passat entsprechend der Breitengradlage mit hoher Regelmäßigkeit das ganze Jahr:

E + SE + S in %

XII I II	III IV V	VI VII VIII	IX X XI	Jahr
68	73	55	63	65

Am Nachmittag wechselt die Windrichtung als Folge der größeren Landerhitzung auf mehr südliche bis westliche (vom Meer kommende) Richtung, wobei die letztere dem Phänomen der See-Land-Wind-Wechsel nahe kommt:

Tab. 19

	XII I II		III IV V		VI VII VIII		IX X XI		Jahr
S	51		37		17		39		
SW	33	94	20	76	14	57	19	84	77
W	10		19		26		26		

Zum Vergleich sei erwähnt, daß selbst auf Inseln in der Westwindzone des Nordatlantiks Richtungsmaxima im günstigsten Quadranten um 50–60 % gemessen wurden. Im übrigen ist nicht nur die Richtungskonstanz für die Passate kennzeichnend, sondern auch ihre gleichbleibende Stärke.

Ohne besondere Luftbewegung sind die Wurzelzonen der Passate. Die Windstille als Folge absteigender Luft ist auf See bekannt als die Zone der Roßbreiten oder als Damenmeer. Schwach ist auch der Wind in den äquatorialen Breiten, die den Namen Kalmen oder Mallungen haben. Er wechselt häufig die Richtung.

Mit dem Wandern der Windzonen (Abb. 15) als Folge des Sonnenstandes gibt es Gebiete, die jahreszeitlich von verschiedenen Windsystemen überdeckt werden. So liegt das Mittelmeergebiet im Sommer in der Wurzelzone des Passats, im Winter in der Westwindzone. Die Randtropen werden sowohl von den Passaten als auch vom innertropischen Ostwindsystem erreicht. Der Monsun Asiens ist das bekannteste Beispiel für regelmäßige jahreszeitliche Windwechsel.

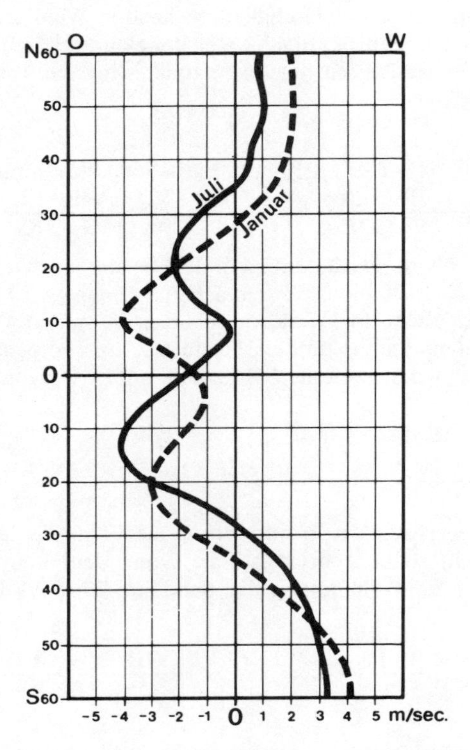

Abb. 15 Die wichtigsten Windrichtungen und Windgeschwindigkeiten auf der Erde (nach Breitenkreisen) (nach MINTZ und DEAN, zitiert in TREWARTHA, 1968)

43 Lokale Winde und Windsysteme

Dieses global groß angelegte System der Windzonen und die Ausbildung der Übergänge als Bereiche jahreszeitlich wechselnder Winde werden durch die lokalen Verhältnisse verändert. Diese Veränderungen können so wirkungsvoll sein, daß sie das Zirkulationsgürtelbild örtlich völlig auslöschen.

Da diese lokalen Winde sehr weit verbreitet sind, müssen sie ausführlich behandelt werden. Außerdem haben sie trotz enger lokaler Bindung häufig gleiche oder ähnliche Ursachen, so daß BLÜTHGEN (1966) zu Recht auch von lokalen Windsystemen spricht.

Seiner Gliederung folgend, sind tagesperiodische Winde von Fallwinden und synoptischen Regionalwinden zu unterscheiden. Die ersten unterliegen nach Richtung und Stärke der Tagesperiode der Erwärmung und Abkühlung.

Das früh bekannte und gut untersuchte Beispiel für Tageszeitenwinde ist das Paar der See- und Landwinde. Mit der stärkeren Erwärmung des Landes gegenüber dem Meer tritt über dem Festland eine Auflockerung der Luft ein, die ein Nachströmen der kühleren Luft von See zur Folge hat (vgl. Tabelle 20 aus KÖPPEN-GEIGER, 1930):

Mittlere stündliche Windelemente in Batavia zur Illustration der Regelmäßigkeit des Seewindes an tropischen Küsten (Mittel 1903–1910)

Std.	Januar			Juli		
	Resultierende Windrichtung	Beständigkeit %	Mittlere Geschwindigkeit m/s	Resultierende Windrichtung	Beständigkeit %	Mittlere Geschwindigkeit m/s
1	S 80° W	37	0,27	S 31° E	57	0,21
2	S 70° W	43	0,30	S 25° E	59	0,22
3	S 87° W	33	0,33	S 31° E	65	0,23
4	S 72° W	45	0,29	S 36° E	64	0,22
5	S 87° W	31	0,26	S 29° E	62	0,21
6	S 70° W	30	0,30	S 28° E	79	0,24
7	S 54° W	35	0,48	S 30° E	76	0,38
8	S 49° W	47	0,89	S 26° E	81	0,69
9	S 71° W	41	1,28	S 36° E	79	1,17
10	S 88° W	47	1,61	S 48° E	78	1,58
11	N 48° W	70	1,92	S 72° E	74	1,82
12	N 38° W	74	2,20	S 88° E	71	1,88
13	N 25° W	78	2,48	N 69° E	72	2,12
14	N 24° W	78	2,60	N 47° E	75	2,40
15	N 23° W	77	2,38	N 39° E	80	2,58
16	N 33° W	73	1,96	N 44° E	81	2,46
17	N 25° W	37	1,37	N 67° E	74	1,90
18	N 37° W	19	0,86	N 86° E	72	0,98
19	S 55° W	12	0,58	S 71° E	67	0,51
20	S 42° W	24	0,46	S 49° E	68	0,41
21	S 31° W	18	0,38	S 39° E	65	0,31
22	S 51° W	28	0,36	S 35° E	57	0,28
23	S 47° W	29	0,34	S 40° E	68	0,25
24	S 68° W	22	0,37	S 33° E	64	0,28

Dieser Vorgang – ein Seewind – setzt mit großer Regelmäßigkeit bei sonst störungsfreiem Wetter im Laufe des Vormittags gegen 10 Uhr ein. Mit Nachlassen der Erwärmung vom späten Nachmittag an und der vermehrten Ausstrahlung mit Abkühlung des Festlandes kehrt sich das Druckgefälle und damit die Richtung der Windbewegung um (Landwind). Das geschieht etwa 3 Stunden nach Sonnenuntergang und endet mit Sonnenaufgang. Damit ist nicht nur eine Asymmetrie der Zeitdauer zu erkennen, sondern auch ein Wirkungsunterschied. Während der Seewind wegen der größeren Druckgegensätze am Tage heftig und in großer Mächtigkeit und Weite wirksam ist (gemäßigte Breiten bis 500 m Höhe und 20–30 km ins Land hinein, nicht selten auch stürmisch; Tropen 1–2 km Höhe und bis 100 km landeinwärts), reicht der Landwind nur 100 m hoch und etwa 10 km seewärts. Die Bedeutung der See- und Landwinde wird verständlich, wenn man bedenkt, daß sie praktisch an allen Küsten der Erde vorkommen. Sie sind besonders wirkungsvoll und geographisch interessant in den niederen Breiten, weil dort die mittägliche Erhitzung durch den kühlen, nicht selten um 10° niedrigeren Seewind gedämpft wird. Auch die Bildung von stehenden Wolkenbänken (Cumuli) über der Küste geht auf den Transport feuchterer Luftmassen von See zum Land zurück. Diese Kondensationserscheinungen verschwinden am Nachmittag. Modifizierend auf Eintritt und Stärke des Seewindes wirkt sich die Richtung des Gradientwindes aus. Gleichgerichtete Strömungen bedeuten frühen Eintritt und größere Stärke, gegeneinander laufende Tendenzen bremsen.

Auch das zweite Tageszeitenwindpaar, der Berg- und der Talwind, unterliegt dem täglichen Gang der Temperatur. Sie sind – wie der Name sagt – an zerschnittene Gebirgsländer gebunden. Sie treten aber auch als Hangwinde an Einzelbergen oder als Ausgleichsströmung von Hochplateaus in die benachbarten Tiefländer auf. Die höheren Gebirgsteile erhalten eine größere Einstrahlungsenergie als die Täler, so daß eine stärkere Auflockerung der Luft eintritt. Diese zieht Luftmassen aus den Tälern nach, und es kommt zu den Talaufwinden oder Talwinden. In der Nacht ist der Ausstrahlungseffekt im Gebirge größer als in den Tiefzonen. Die kältere Luft sinkt von den Bergen in die Täler als Bergabwind oder Bergwind. Ähnlich wie der Seewind ist auch der Talwind wirkungsvoller als der nächtliche Bergwind. Bei diesen Vorgängen laufen noch begleitende Hangwindsysteme mit, die vor allem in den Zeiten des Windkenterns am Morgen kurz nach Sonnenaufgang das Tal beherrschen. In subtropischen und gemäßigten Breiten treten die Berg- und Talwinde nur in der Trockenzeit, d.h. im Sommer auf. In den Tropen verstärken sie den Effekt des thermischen und hygrischen Tageszeitenklimas durch Konvektionswinde am Tage mit Wolkenbildung und absteigender Tendenz mit Auflösung der Wolken in der Nacht.

Tageszeitlich unabhängig sind sogenannte Fallwinde. Sie sind an besondere Reliefverhältnisse und Luftdruckkonstellationen gebunden. Dabei müssen die Gebirgsmauern eine lange Erstreckung haben und die Druckunterschiede sehr groß sein. Mit Übersteigen eines solchen Hindernisses setzen auf der Leeseite Fallwinde ein. Grundrichtung ist ein auf beiden Seiten des Gebirges adiabatisch unterschiedlich gestalteter Temperaturgang, der die Luft – gleiche Höhe auf beiden Seiten des Gebirges vorausgesetzt – wärmer jenseits der Gebirgsmauer ankommen läßt. Es würde zu weit führen, wenn alle Einzelvorgänge erläutert würden. Ein Windsystem dieser Art ist der Föhn, richtiger der Südföhn. Wenn man bedenkt, wie oft der Föhn in einzelnen Tälern und im nördlichen Vorland der Alpen auftritt (Abb. 16 und Tabelle 21 nach UNDT, 1958), welche thermischen Effekte dabei erzielt werden (Tab. 22 nach HANN-SÜRING, 1951) und welche Folgen sein Eintreten für die Lebenserscheinungen von Pflanzen, Tieren und Menschen hat, so wird die Notwendigkeit einer gründlichen Erforschung verständlich.

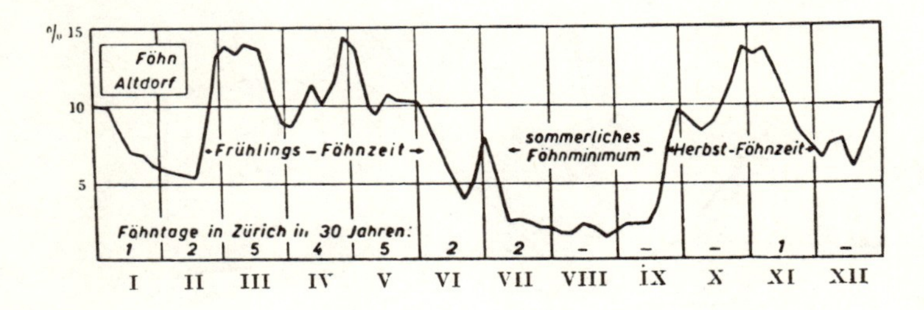

Abb. 16 Anzahl typischer Föhntage in Altdorf (ausgedrückt in % der Gesamtzahl der Tage) und in Zürich (absolute Zahl der Tage im Monat), beides im Durchschnitt von 30 Jahren aus ELLENBERG (1963).

Tab. 21

Ort	Föhntage	Meereshöhe
Bad Tölz	114	659 m
Schmittenhöhe	111	1 964 m
Kolm-Saigurn	125	1 600 m
Astenschmiede	86	1 225 m
Bucheben	76	1 143 m
Rauris	70	912 m
Bad Gastein	78	1 083 m
Hofgastein	72	850 m

Tab. 22

Witterung längs der Gotthardstraße während des Föhns vom 31.1. bis 1.2.1869

Ort	Bellinzona	S.Vittore	Airolo	St.Gotthard	Andermatt	Altdorf
Höhe in m	229	268	1 172	2 100	1 448	454
Temperatur	3,0	2,5	0,9	–4,5	2,5	14,5
Feuchtigkeit %	80	85	–	–	–	28
Witterung	N,Regen	S u. SW	N u. S	S 2–3	SW 2	S-Föhn

Dies gilt umso mehr, als er auch in anderen Gebieten wie in den Rocky Mountains Nordamerikas, den Anden Chiles und Argentiniens, in Nordafrika, an den Pyrenäen, ja auch an Mittelgebirgen Europas wie dem Riesengebirge auftritt.

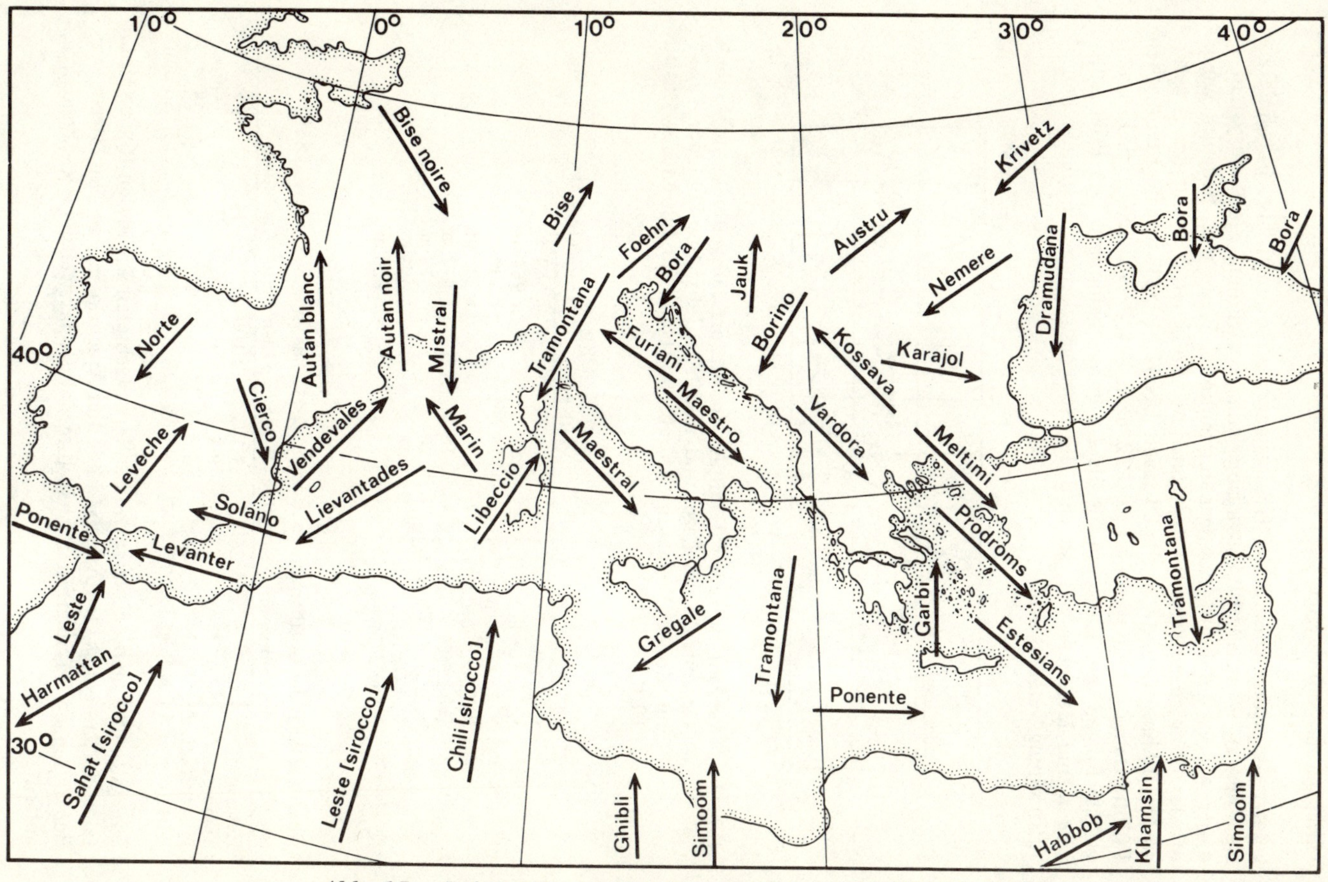

Abb. 17 Lokalwinde im Mittelmeerraum (nach RUMNEY, 1968)

Besonders nützlich sind gründliche Kenntnisse von den kalten Fallwinden (Abb. 17). Sie bestimmen in ihren Wirkungsbereichen ohne Zweifel die Agrarwirtschaft sowie die Pflanzenwelt und behindern während der Stoßzeiten die Küstenschiffahrt sowie den Fremdenverkehr. Das Grundprinzip der Entstehung kalter Fallwinde, oft auch nach dem Paradebeispiel in Dalmatien allgemein Bora genannt, liegt in sehr kalten Luftmassen im Ausgangsgebiet, die sich auch beim Abstieg von den Gebirgen oder Plateaus dynamisch nicht erwärmen. Neben kalten Hochländern (Jugoslawien, Südfrankreich) sind es vor allem auch die von kontinentalen Kaltluftmassen überlagerten Steppen der UdSSR, die Boraeffekte in der Krim und am Schwarzmeerufer des Kaukasus auslösen. Je nach Stärke eines saugenden Tiefs über den benachbarten warmen Meeren (Adria, Golf von Lyon) oder dem Drücken eines Kältehochs auf den Landseiten (Karsthochländer Dalmatiens, Zentralplateau Frankreichs, Alpen, Pyrenäen) spricht man von zyklonaler Form (meist mit Regen im Tiefland verbunden) oder antizyklonaler Form (meist mit heiterem Wetter verbunden). Sowohl die dalmatinische Bora als auch der verwandte südfranzösische Mistral – beide oft als stürmische Winde ausgebildet – bestimmen weitgehend das Bild der Pflanzenwelt (Fehlen mediterraner Vegetation; Windschur) und das der Kulturlandschaft (Fehlen von Ölbäumen und Zitruskulturen; Windschutzhecken und -zäune).

Der Vollständigkeit halber seien die Gletscherwinde als abfließende kalte Luftmassen sowie jene Winde erwähnt, die infolge Reibung an bestimmten Reliefformen in Tälern horizontal abgelenkt werden. Gerade die Mittelgebirgsländer sind davon besonders betroffen.

Sind bisher mehr einzelne Lokalwinde besprochen worden, so sollen nunmehr mehr lokale Windsysteme auf ihre klimageographische Stellung untersucht werden. An Wetterlagen gebunden, treten sie großflächig auf und bestimmen insbesondere in den Grenzbereichen der großen Luftmassengürtel der Erde das Klimabild. Im Mittelmeerraum sind es vor allem die heißen Winde aus dem Trockengürtel, die in vielfältiger Form und großer Artenzahl an die nordmediterranen Küsten und auf die östlichen Kanaren kommen. Wegen ihrer heißen und austrocknenden Art werden sie von den Bauern gefürchtet. Entstehen solche Frontalwinde in den Wüstengebieten, so sind sie meist mit Staub beladen und belasten damit zusätzlich Mensch und Tier. In Khartoum treten solche Sand-Staub-Stürme recht häufig auf, wie die folgende Tabelle 23 von KÖPPEN-GEIGER (1930) zeigt:

I	II	III	IV	V	VI	VII	VIII	IX	X	XI	XII	Jahr
0,8	1,2	1,8	1,9	3,0	6,8	5,7	3,7	3,5	0,7	0,0	0,2	29,3

Ähnliche Frontalwinde, mit Staub beladen und große Geschwindigkeiten erreichend, treten auch an der Grenze des Trockengürtels gegen die wechselfeuchten Tropen auf. Südamerika und Afrika sind davon gleichermaßen betroffen. Katastrophal sind die Folgen für die Landwirtschaft in der UdSSR und Südaustralien, wenn heiße Winde im Frühsommer auftreten. Notreife des Getreides und hungerndes Vieh sind die Folgen.

In ihren Ausmaßen ebenfalls katastrophal sind die eigentlichen Stürme. Frontenbildung, tiefe Depressionen, Luftmassengrenzen und andere Instabilitätsgrenzen lösen Vorgänge sowohl in außertropischen wie auch in tropischen Breiten aus, die durch Wirbel von Luft mit hohen Geschwindigkeiten gekennzeichnet sind. Staub, Sand, Steine und Wasser sind Begleiter. Sie führen zu fast regelmäßig jedes Jahr 1–3mal auftretenden Wirbelstürmen (Abb. 18).

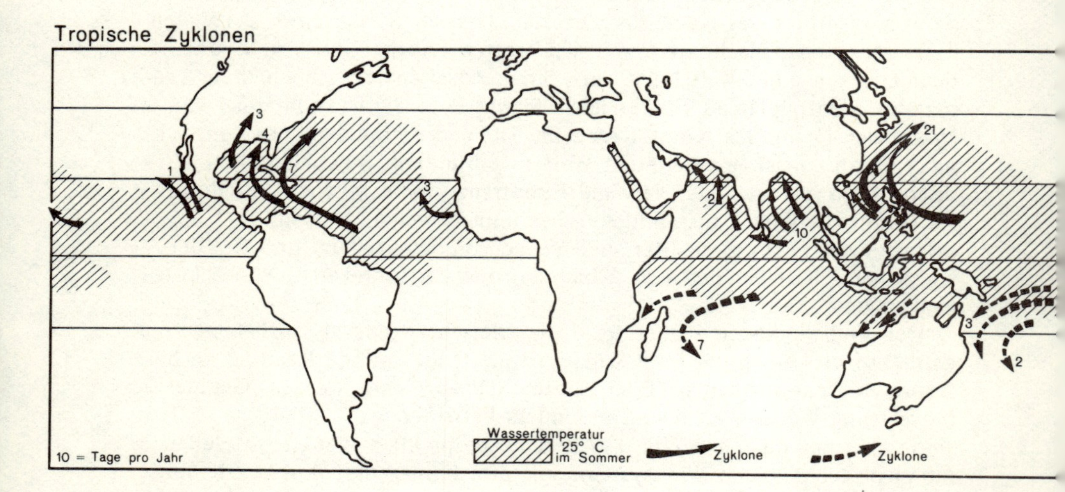

Abb. 18 Die wichtigsten Gebiete tropischer Stürme (nach ESTIENNE et GODARD, 1970)

In den Außertropen sind sie als Tornados in den USA bekannt, die vorzugsweise im Frühjahr entstehen. In anderen Teilen der Erde sind die selteneren und regelloser vorkommenden harmloseren Wind- und Wasserhosen genetisch mit diesen verwandt. Aus den Innertropen kommend, erreichen sie die Küsten Nordamerikas als Hurrikane bzw. Ostasiens als Taifune. Ihre Häufigkeit im Jahr macht die Angabe von BLÜTHGEN (1966) deutlich:

Jahreshäufigkeit der tropischen Wirbelstürme:

Taifune der ostasiatischen Gewässer	21
Bengalenzyklone	10
Madagaskar- und Mauritiusorkane im südindischen Ozean	7
Hurrikane des Karibischen Meeres bis Neuengland	7
Willy-Willys des SW-Pazifiks bis Queensland	6

Forts.
Jahreshäufigkeit der tropischen Wirbelstürme:

Wirbelstürme vor NW-Australien	2
Wirbelstürme des Arabischen Meeres	2
Wirbelstürme der Kalifornischen Gewässer	1

Ihre Wirkung neben den Zerstörungen durch den Wind liegt darin, daß in der Hauptsache Küsten betroffen sind, die durch das aufgepeitschte Wasser große Schäden erleiden.

Schadenreich sind auch die oft mit heftiger Luftbewegung verbundenen Gewitter. Ihre geographische Bedeutung haben sie aber nicht nur durch die Heftigkeit ihrer Wetterwirkung. Sie sind vielmehr durch das Auftreten in bestimmten Bahnen ein das Regionalklima charakterisierender Faktor. Ihre Koppelung insbesondere im Sommer an Luftmassenfronten potenziert die Wirkung von Zyklonen. Das gleiche kann auch für die tropischen Zenitalregenfälle gesagt werden. Dagegen ist das Wärmegewitter der heißen Sommerzeit meist ein Einzelfall, der nur lokalklimageographisch von Bedeutung werden kann, wenn Schäden damit verbunden sind. Die Häufung gerade dieser Gewitterart zur späten Mittagszeit bzw. im Sommer ist eine Folge der hohen Labilität lebhafter Verdunstungs- und Kondensationsvorgänge gerade zu diesen Tages- bzw. Jahreszeiten. Die Karte der Gewitterhäufigkeit macht darüber hinaus die Maximagebiete um den Äquator sichtbar. Sie werden flankiert von solchen in den Außertropen, die in irgendeiner Form (meist thermische Anomalien als Folge warmer Meeresströmungen) gelegentlich Anschluß an die Innertropen haben. Auffallend sind die gewitterarmen Gebiete über den Ozeanen und im Trockengürtel der Erde (Abb. 19). Kalte Meeresströmungen bedingen gerade in diesen Räumen ausgesprochene Minima (Südwestafrika, Chile, Kalifornien, Kanaren).

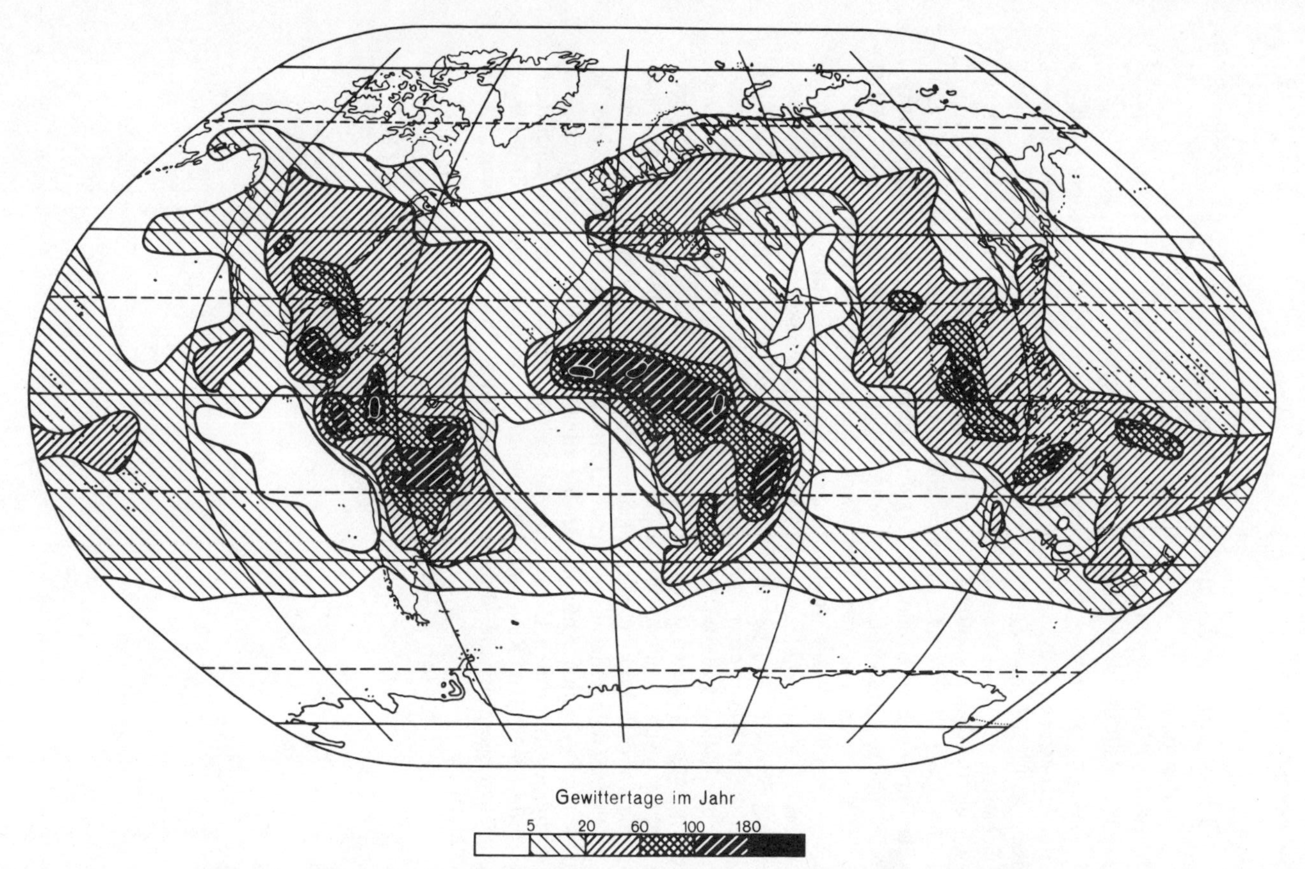

Abb. 19 Die Zahl der Gewittertage im Jahre auf der Erde (aus BLÜTHGEN, 1966)

5 Der geographische Aussagewert von Elementgruppen

Schon bei der Behandlung der Einzelelemente der Klimatologie mußte des öfteren darauf verwiesen werden, daß physikalische Zustände der Atmosphäre und meteorologische Vorgänge nur als Glieder einer Kette angesehen werden können. So hängt der Wind vom Luftdruck, dieser von der Erwärmung und letztere von der Strahlung ab. Diese Beziehungen sind aber noch nicht in kombinierten Systemen klimageographisch zum Ausdruck gebracht worden. Einige sollen im folgenden behandelt werden, weil sie typenbildend sind.

51 Aridität und Humidität

Mit den Eigenschaftsworten „trocken" und „feucht" werden im allgemeinen Zustände des Klimas umrissen, die zunächst nicht näher definiert werden. Diese Qualitätsbegriffe müssen aber, wenn sie einen geographischen Aussagewert erhalten sollen, quantitativ belegt werden. Dabei wird eine Reihe von Faktoren bedacht werden müssen. Neben der Feuchtigkeit in Form von Niederschlag, Kondensationsprodukten und dem Wasserdampf ist die Temperatur wichtig. Diese muß sowohl nach Mittelwerten als auch nach Schwankungen und Extremdaten durchgemustert werden. Ist man so weit, dann wird die Abhängigkeit der Eigenschaft „feucht" und „trokken" von weiteren Klimafaktoren deutlich. So spielt gerade der Wind im Hinblick auf Trockenheit oder Feuchte eine große Rolle. Die Verdunstung hängt weiter von den örtlichen oder regionalen Zuständen der Erdoberfläche (Bodenart, Exposition) sowie der Lage zu Land- und Meerflächen ab. Wollte man allein die beiden oft benutzten Worte „feucht" und „trocken" annähernd exakt definieren, so müßte man praktisch eine komplette Analyse aller Einzelfaktoren des Klimas durchführen. Solches ist aber im globalen Rahmen schon von der Datenlage her unmöglich.

So ist man darauf angewiesen, mit den gängigen meteorologischen Daten zu operieren, wie mit Niederschlag und Temperatur. Unzulänglichkeiten in Bezug auf die örtlichen Zustände müssen bei einer solchen, mehr globale oder zonale Größenordnungen anstrebenden Aussage in Kauf genommen werden. Trotz der Einfachheit der Ausgangsgrößen Temperatur und Niederschlag findet man eine Fülle von Versuchen, diese beiden Werte für geographische Aussagen differenziert genug aufzubereiten. Daß sich ein solches, in der Vergangenheit rechnerisch oft mühsames und zeitraubendes Unternehmen lohnt, beweisen die Arbeiten, in die die Ergebnisse der

Humidität-Ariditäts-Forschung eingegangen sind. Vor allem haben die Pflanzen- und Hydrogeographie davon profitiert. Aber auch die Geomorphologie und Agrargeographie können ohne diese Begriffsbestimmungen nur schwer auskommen.

Ein erstes quantitativ erstelltes Schema über die drei Grundgrößen „humid“, „arid“ und „nival“ stammt von A. PENCK (1910) (Abb. 20). Darin bedeutet im Jahresgang:

humid:	Niederschlag großer Verdunstung
arid:	Niederschlag kleiner Verdunstung
nival:	fester Niederschlag großer Ablation

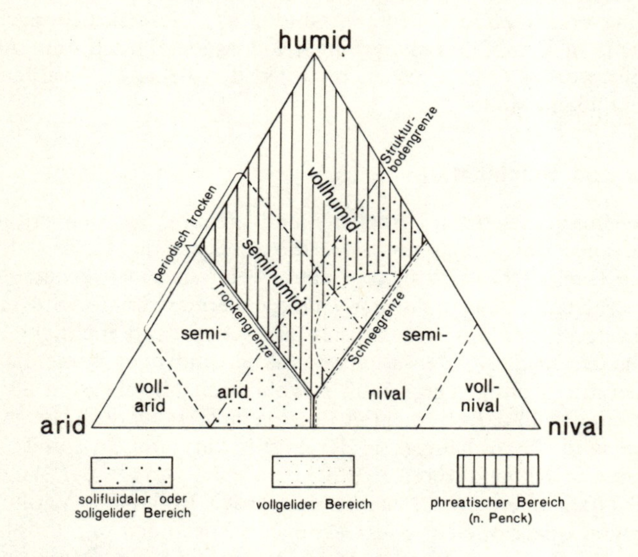

Abb. 20 Die Klimabereiche der Erde (auf der Grundlage von PENCK nach TROLL, 1948)

Die geographisch wichtigen Grenzen sind dabei die „klimatische Trockengrenze“ (arid/humid) und die „Schneegrenze“ (humid/nival). Beide Grenzen liegen in Hochgebieten der Erde auch zwischen dem ariden und nivalen Bereich. Jahreszeiten bedeuten breite Übergangsbereiche:

semihumid:	Jahresbilanz humid; einzelne Monate arid
semiarid:	Jahresbilanz arid; einzelne Monate humid
seminival:	Jahresbilanz nival; einzelne Monate Ablation großer Zufuhr.

TROLL (1948) hat in dieses Grundschema, das PENCK ursprünglich für Zwecke der Abgrenzung von Abflußvorgängen entworfen hatte, weitere wichtige, vom Klima abhängige Naturgrenzen aufgenommen. So wurden der „vollgelide" Bereich mit ewiger Gefrornis (=polar nach PENCK) und der „solifluidale" oder „soligelide" Bereich eingebaut. PENCK hatte bereits das Speichern von Grundwasser als phreatisches Gebiet deutlich gemacht.

Aber auch das von TROLL verbesserte PENCKsche Grundschema erlaubt keine kartographische Aussage. Es mußten vielmehr Formeln entwikkelt werden, mit Hilfe derer die graduellen Unterschiede der Aridität bzw. Humidität erfaßt und ausgedrückt werden konnten. Größte Schwierigkeit vom Material her bereitete die Verdunstung. Eine Reihe von Näherungsformeln hat inzwischen brauchbare Kartenaussagen ermöglicht.

Der erste klimatologisch brauchbare Index für die Aridität wurde von de MARTONNE (1926; 1941) berechnet, der auch in den heute bekanntesten Karten mit Angaben über Humidität und Aridität Eingang gefunden hat. Nach der einfachen Formel

$$i = \frac{N \text{ (in mm)}}{T \text{ (in °C)} + 10}$$

gewann er Werte, die im Falle größer als 20 zu humiden, kleiner als 20 zu ariden Stationen gehörten. Der Index 20 deckt sich ungefähr mit der PENCKschen Trockengrenze.

KÖPPENs (1931) Versuch ging auf eine größere Differenzierung der Gebiete wie der Trockengrenze aus:

ganzjährig Regen	r (in cm)	= 2 (t + 7)
Sommerregen	r	= 2 (t + 14)
Winterregen	r	= 2 t,

wobei t die Jahresdurchschnittstemperatur bedeutet. Damit war es möglich, Wüsten (BW-Klimate) und Steppen bzw. Dornsavannen (BS-Klimate) von anderen, meist semihumiden Klimazonen zu trennen. Eine nicht unwichtige Korrektur an der KÖPPENschen Formel nahm WANG (1941) vor, der damit die Aridität einfing, die in seiner Heimat China häufig bei tiefen Wintertemperaturen mit hohen Verdunstungsgängen auftritt. Seine modifizierte KÖPPEN-Formel sieht für Monatswerte so aus:

$$3\,000 = r\,(12\,r - 20[t + 7])$$

Besonders interessant ist der Vorschlag von GAUSSEN und BAGNOULS (1953), dessen Abgrenzungen pflanzengeographisch charakterisierte Räume erfassen. Mit Hilfe der Begriffe „Trockenmonat", zu dessen Genauigkeit LAUER (1953) kritisch Stellung nimmt, und „Trockentag" gelingt es, fünf vegetationsgeographische Grenzen im Mittelmeerraum zu definieren:

kleiner 40 Trockentage:		gemäßigte Zone
40–100	"	Korkeichenzone
> 100–150	"	Aleppokieferzone
> 150–200	"	feuchte Teile der Steppen mit trockenen Gehölzen
> 200–300	"	Hochplateausteppe
> 300	"	Halbwüste und Wüste

Eindrucksvoll ist die Kartogrammdarstellung von WALTER (1955) bzw. WALTER und LIETH (1960), wenngleich darin keine neuen, die Ariditätsgrenzen genauer definierenden Faktoren aufgenommen wurden. Jahreskurven der Monatsmittel von Temperatur und Niederschlag werden übereinander gezeichnet. Dabei werden die Ordinatenmaßstäbe für Temperatur und Niederschlag im Verhältnis 1 : 2 bzw. 1 : 3 verschoben. Die Lage der Temperaturkurve bestimmt über Aridität (Temperaturkurve oberhalb der Niederschlagskurve) und Humidität.

Mit einfachen Faktoren der Monatsmittel von Temperatur und Niederschlag, aber umfangreichen Rechnungen und Kombinationsmöglichkeiten operiert MORAL (1964), um Abgrenzungen nach wüstenhaft, halbwüstenhaft, arid, subhumid, humid und regnerisch für das Jahr (Jahresindex) zu bekommen. Die Methode wurde für ein begrenztes Gebiet in Westafrika erprobt. Die Ergebnisse decken sich mit den an Einzelstudien durch detaillierte Messungen und Rechnungen gemachten Erfahrungen.

Trotz aller Unzulänglichkeiten der skizzenhaft angeführten Methoden ist es doch möglich, den Flächenanteil der im PENCKschen Grundschema erstellten Einheiten recht genau abzuschätzen. Es sind von der Erdoberfläche: arid 15 %, semiarid 15 %, semihumid 21 %, humid 19 %, seminival bzw. nival 30 %.

Der Grad der Verfeinerung solcher Aussagen mit Hilfe der Zahl humider Monate vor allem in pflanzengeographischer Hinsicht unter besonderer Berücksichtigung der Höhenstufen konnten LAUER (1952) und TROLL (1953) für die tropischen Anden erarbeiten:

Zahl der humiden Monate

Wärme-höhenstufe	12 – 10	9 – 7	7 – 5	4 – 2	2 – 1	1 – 0
Tierra Helada	Paramo	Feuchte Puna (Gras-Puna)	Trocken-Puna	Dorn-Sukkulenten-Puna	Wüsten- oder Salz-Puna	
Tierra Fria	Tropischer Höhen- u. Nebelwald u. Höhenbusch	Tropischer Feucht-Sierra-Höhenbusch	Tropischer Trok-ken-Sierra-Höhen-busch	Tropischer Dorn-Sukkulenten-Sierra-Höhenbusch	Tropische Höhen-Halbwüste	Tropische Höhen-Wüste
					Wüsten-Sierra	
Tierra Templada	Tropischer Bergwald	Tropische Berg-Feucht-Savannen	Tropisch-montane Trocken-Savannen	Tropisch-montane Dorn-Sukkulenten-Gehölze	Tropisch-montane Halbwüste	Tropisch montane Wüste
			Valle-Gehölze		Wüsten-Valle	
Tierra Caliente	Tropischer immer-grüner Tieflands-regenwald u. halb-immergrüner Über-gangswald	TropischerFeucht-Savannen-Gürtel (Wald- u.Grasland)	Tropischer Trok-ken-Savannen-Gürtel (Wald- u. Grasland)	Tropischer Dorn-Sukkulenten-Savannen-Gürtel (Wald- u.Grasland)	Tropische Wüsten-Savanne (Halbwüste)	Tropische Vollwüste

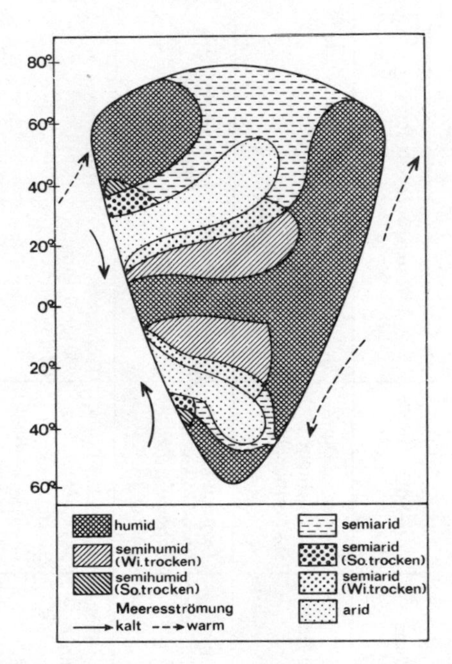

Abb. 21 Niederschlagsregime auf der Erde in einem Idealkontinent (nach THORNTHWAITE, 1948)

Aber auch in globaler Sicht (Abb. 21) ist ein Versuch geographisch nützlich, die Lagetendenz der einzelnen Feuchtegebiete auf der Erde auf einem Idealkontinent zu verfolgen. Bei allen Nachteilen, die die Konstruktion eines solchen Festlandsgebildes in sich birgt, kommen doch die Einflüsse von Meeresströmungen (warme an den Ostflanken bzw. in höheren Breiten auf der Westseite; kalte an den Westflanken) in der Ausweitung der Fläche mit humidem bzw. aridem Wasserhaushalt zur Geltung. Auch die Begrenzung semihumider Gebiete mit Mittelmeerklima auf die westlichen Teile der Kontinente und ihr Fehlen auf den Ostseiten macht die Bedeutung der Jahreszeiten mit Niederschlagsperioden deutlich (Sommertrockenheit mit Tendenz zur Aridität im Westen; Sommerfeuchte mit Tendenz zur Humidität im Osten). Darüber hinaus entstehen auch die bekannten Bilder der Luv-Lee-Wirkung im Verlauf hoher und durchgehender Gebirge. Auch das Eindringen von Trockengebieten in das Innere der Kontinente (Asien, Nordamerika, Australien) und das Ausbreiten nach Norden sind für das Globalbild typisch.

52 Maritimität und Kontinentalität

Schon bei der Behandlung der hygrischen Verhältnisse der Atmosphäre mußte des öfteren auf die Zusammenhänge von Land-Meer-Lagen und Feuchtezuständen hingewiesen werden. Durchmustert man ganz allgemein die meteorologischen Daten von Stationen in Meer- oder Binnenlandlage, so bemerkt man eine Reihe von direkten und indirekten Einflüssen, die Festland und Ozean ausüben. Grundmotor ist aber in jedem Fall das unterschiedliche Reagieren von Land und Wasser auf die Strahlung. Erinnert sei daran, daß durch die Beweglichkeit des Wassers die Konvektion eine rasche und weitreichende Verteilung der Wärmeenergie ermöglicht. Der Temperaturgang ist gedämpfter. Umgekehrt laufen auf dem festen Land die Ein- und Ausstrahlungsvorgänge rascher ab. Der Temperaturgang hat ausgeprägte Maxima und Minima.

Diese Unterschiede im Strahlungshaushalt wirken sich zwar zunächst im Gang des Luftdrucks aus. Diese nur in den untersten Schichten der Atmosphäre wirksamen Einflüsse sind aber zu schwach, um eine flächenmäßig große Auswirkung auf das Zonenklima von See zum Binnenland und umgekehrt zu erzielen. Vielmehr wird dies eher von den weiter reichenden Luftdruckverhältnissen der höheren Atmosphäre bestimmt. Kontinentalität und Maritimität werden in erster Linie durch die Temperaturgänge definiert. Naturgemäß spielt die Breitenkreislage eine wichtige Rolle. Während in den niederen Breiten (Äquator bis 35°) auf dem Festland die Wärmebilanz positiv ist, d.h. die Einstrahlungsmenge größer als die Ausstrahlungsmenge ist, gilt für die höheren Breiten ab 45° das Umgekehrte. Damit ist aber weiter zu folgern, daß die Grade der Kontinentalität bzw. Maritimität in den einzelnen Breitenzonen (=Strahlungszonen) in sehr unterschiedlicher Abfolge auftreten.

Bevor einige Maße für diesen Grad genannt werden, sollen die grundsätzlichen Erscheinungen, wie sie die meteorologischen Tabellen aussagen, erläutert werden. Es wurde schon oben erwähnt, daß die Temperaturgänge auf dem Meer ausgeglichener sind als auf dem Festland. Auch der Eintritt des Maximums bzw. Minimums ist im maritimen Klima verspäteter (Max.: August; Min.: Februar/März). Dem stehen auf dem Kontinent Juli und Januar gegenüber. Ähnlich große Differenzen treten auch im Tagesgang ein. Allerdings sind diese nur beim täglichen Maximum ausgeprägt (Kontinent: früher Nachmittag; Ozean: später Nachmittag). Das Minimum ist in beiden Gebieten kurz vor Sonnenaufgang. Die Auswirkungen der Land-Meer-Lage auf die Temperatur wird als thermische Maritimität bzw. Kontinentalität bezeichnet.

Eng mit den thermischen Gegensätzen hängt das hygrische Verhalten von Festlandsluft und Meeresluft zusammen. Dabei sind die Verdunstungs- und Kondensationsvorgänge die Zwischenglieder, die die hygrische Maritimität bzw. Kontinentalität bestimmen. Sie läßt sich ausdrücken in der

Niederschlagsmenge pro Monat. Dabei kann von einer deutlichen Steigerung der Niederschläge zu den innerkontinentalen Gebieten zur Sommerzeit ausgegangen werden, weil zu dieser Zeit die starke Erwärmung zu erhöhter Turbulenz und Konvektion mit Tendenz zur Gewitterbildung führt (Tabelle 24):

	I	II	III	IV	V	VI	VII	VIII	IX	X	XI	XII	Jahr
Valentia	24	23	21	19	18	17	21	22	18	22	23	26	252 Tage
	136	142	113	94	80	82	94	120	107	139	141	166	1414 mm
Warschau	15	15	14	14	13	13	15	13	11	12	14	15	164 Tage
	41	24	25	43	24	71	119	77	27	44	30	32	569 mm
Saratow	11	9	10	10	11	11	10	9	7	7	11	11	117 Tage
	28	22	21	36	31	41	53	38	27	37	36	52	423 mm

Während im Binnenland das Sommermaximum gegenüber dem Wintermaximum auf weniger oder höchstens gleichviele Tage verteilt ist (Warschau im Winter XI–III: 152 mm auf 73 Tage; im Sommer V–IX: 31 mm auf 65 Tage) ist im Küstenbereich die Relation Niederschlagsmenge zu Niederschlagstage gleich (Valentia XI–III: 698 mm auf 117 Tage; V–IX: 483 mm auf 96 Tage).

Mit ähnlichem Gewicht kann auch die Häufigkeit der Gewitter für die Abgrenzung von Kontinentalität und Maritimität verwendet werden (Tabelle 25):

	I	II	III	IV	V	VI	VII	VIII	IX	X	XI	XII	Jahr
Moskau	–	–	–	0,7	2,6	3,9	4,8	2,6	0,4	–	–	–	15,0
Warschau	–	–	0,3	0,9	3,2	4,1	4,2	3,6	1,2	0,1	0,1	–	17,8
Valentia	0,8	0,6	0,5	0,4	0,5	0,7	0,5	0,6	0,3	0,5	0,5	0,6	6,5

Schließlich ist auch die Verbreitung von Nebel ein Indiz für die Land-Meer-Lage. Die Nebelhäufigkeit ist im allgemeinen in Küstengebieten größer als im Binnenland, wenn nicht besondere orographische Lagen eine Begünstigung zur Nebelbildung abgeben (Tabelle 26):

Nebeltage

	I	II	III	IV	V	VI	VII	VIII	IX	X	XI	XII	Jahr
Warschau	6	6	4	1	0	0	0	1	3	6	6	6	39
Hamburg	10	12	8	3	1	1	0	1	6	9	10	11	72

Der Kontrast zwischen Maritimität und Kontinentalität nimmt in den Mittelmeerbreiten ab, geht im subtropischen Trockengürtel – von Eilanden wie den Kanaren-Inseln abgesehen – auf dem Festland fast ganz verloren und ist schließlich in den äquatorialen Tropen gleich Null.

Bei den Versuchen, durch Maß und Zahl die Abgrenzung und Abstufung von maritimen und kontinentalen Klimaten zu erreichen, ist man zunächst von den Amplituden der Monatsmittel ausgegangen (GORCZYNSKI, 1920). Eine Verbesserung wurde dadurch erreicht, daß man die Breitengradlage in der Formel berücksichtigte (ZENKER, 1888; SCHREPFER, 1925; GORCZYNSKI). Es hat auch nicht an Versuchen gefehlt, die störenden Höhenunterschiede zu eliminieren. Das jüngste Glied in der Kette der Formeln, Maritimität und Kontinentalität meßbar auszudrücken, stammt von IVANOV (Transscription nach BLÜTHGEN, 1966):

$$\text{Kontinentalität K} = \frac{A_J + A_T + 0{,}25\ D_F}{0{,}36\ \varphi + 14} \text{ mal } 100,$$

wobei A_J die Jahresschwankung, A_T die Tagesschwankung der Temperatur, D_F das Sättigungsdefizit und φ die geographische Breite bedeuten. IVANOV erhält auf diese Weise Indices mit folgenden Aussagewerten:

Tab. 27

Die Klimastufen nach der Kontinentalität und Maritimität

Bezeichnung	Kontinentalitätswert	Beispiele Eurasien
1. extrem ozeanisch	< 47	(Südgeorgien)
2. ozeanisch	48–56	Färöer
3. gemäßigt ozeanisch	57–68	Edinburgh
4. maritim	69–82	Bremen
5. schwach maritim	83–100	Münster
6. schwach kontinental	101–121	Warschau
7. gemäßigt kontinental	122–146	Kiew
8. kontinental	147–177	Wolgograd
9. stark kontinental	178–214	Aschchabad
10. extrem kontinental	> 214	Werchojansk (Er Riad)

53 Andere klimatypisierende Begriffe

Mit den Begriffspaaren Maritimität und Kontinentalität bzw. Humidität und Aridität sind besondere, die Zonenklimatypen differenzierende, ja z.T. völlig überlagernde atmosphärische Zustände und Abläufe ausgewiesen worden. Während dies im allgemeinen den ganzen Raum der Troposphäre betrifft, so gibt es auch solche, die nur den engen Luftraum über der Erdoberfläche in Bodennähe verändern. Es ist hier nicht der Platz, das von GEIGER (1961) in einem eigenen Lehrbuch zusammengestellte, umfangreiche Forschungsmaterial zu skizzieren. Das Klima der bodennahen Luftschicht ist gekennzeichnet durch eine große Vielfalt, einen raschen Wechsel auf engstem Raum, höchste Extreme und stärkste Amplituden. Dabei spielen insbesondere die vielseitigen und vielwinkligen Expositionen der organischen und anorganischen Natur im kleinen eine besondere Rolle. Vor allem wird die Luft zu extremen Geschwindigkeiten gezwungen, die in einem Austausch bis zur Düsenwirkung reichen kann. Die Kenntnisse dieser Faktoren ist nicht nur für die Beurteilung von Standorten in der Agrar- und Vegetationsgeographie von Bedeutung. Vielmehr spielen sich in der bodennahen Luftschicht viele, die Umwelt schädigende Vorgänge ab (Bodenfrost, Bodenerosion durch Wind, Schneekorrasion). So ist es nützlich, daß die Klimageographie auch in den Dimensionen der Mikroklimate eine Geländekartierung anstrebt, wie es WEISCHET (1955) bereits praktiziert hat. In eine solche Bestandsaufnahme mikroklimatologischer Größenordnung müßten auch die besonderen klimatischen Verhältnisse der geschlossenen Pflanzendecke (Wald, Pflanzenbestände) und der dicht bebauten Gebiete wie Städte oder Industrieanlagen Berücksichtigung finden.

Von komplexer Natur, was die Elemente des Klimas anbetrifft, ist auch das Höhenklima. Gebunden an Mittel- und Hochgebirge sowie hohe Plateaus, wirken sich alle Reliefeigenschaften differenzierend auf das Zonenklima aus. Von der Verschärfung der Exposition in der Höhe wird die Einstrahlung beeinflußt. Die Folge ist eine Extremierung der Temperaturgänge im mikroklimatischen Bereich. Auch die Reinheit der Luft mit der Höhe wirkt sich auf die Intensität der Einstrahlung aus.

Die Gestalt eines Gebirges und seine Lage zur Hauptwindrichtung können Staueffekte bedeuten, die mit Luv- und Leewirkung zu einer Verschärfung der Niederschlagsextreme führen. Auf diese Weise werden die für die Klimazone typischen Niederschlagsmengen und -regime regional oft entscheidend verändert. Nicht selten findet man in den Mittelgebirgen der mittleren Breiten (z.B. Böhmerwald, Bayerischer Wald, Schwarzwald), regelmäßig aber in den Tropen in bestimmten Höhen Dauerzustände von Kondensation, die vor allem im Pflanzenhaushalt einen sichtbaren Ausdruck gefunden hat (tropische Nebel- und Bergwälder; Vermoosung und Flechtenwuchs in den gemäßigten Breiten).

Die wichtigste Erscheinung des Klimas in der Höhe sind seine vom benachbarten Tieflandsklima vererbten oder nicht vererbten Eigenschaften. Die tropischen und subtropischen Hochgebirge zeichnen sich genau wie das Tiefland in diesen Breiten durch geringe jahreszeitliche Unterschiede bezüglich des Temperaturganges aus. In Quito (0°14'S) beträgt in 2 850 m Höhe die Jahresschwankung 0,4°, in La Paz (16°30'S) in 3 690 m 4,6°. In den benachbarten tropischen Tiefländern liegen die Schwankungen in ähnlichen Größenordnungen (z.B. Manaos unter 3°S und in 40 m: 1,5°; in Quito unter 4°S und in 90 m: 1,7°). Auch das Niederschlagsregime der tropischen Tiefländer wird den Hochgebirgen vererbt. Das bekannte Beispiel ist die Zusammenstellung von LAUER (1952) und TROLL (1959) über die vertikale und horizontale Anordnung der Vegetationsgürtel in den Anden in Abhängigkeit von den Wärmehöhenstufen und der Zahl der humiden Monate (siehe oben S. 65). In den warm- und kühlgemäßigten Breiten treten dagegen einige Differenzen zwischen Tiefebenen- und Gebirgsklimaten auf. Der periodischen Niederschlagsfrequenz der Tiefländer stehen die Regenfälle fast während des ganzen Jahres in den Höhenzonen gegenüber. Diese Tendenz zur Ozeanität wird begleitet von einem oft sehr bemerkenswert ausgeglichenen Temperaturgang. Nicht selten sind in Gebirgsnähe die Temperaturinversionen Regelfälle. Sie bedeuten, daß zu solchen Perioden anormale Temperaturhöhenstufen auftreten.

6 Der geographische Aussagewert aller Elemente (Synoptische Klimageographie)

Die bisherigen Ausführungen über die geographische Bedeutung der einzelnen Klimaelemente oder Elementgruppen haben gezeigt, wie komplex die Vorgänge in der Atmosphäre gestaltet sind. Wenn das bereits bei einer den Aufgaben dieses Buches entsprechenden skizzenhaften und ausgewählten Darstellung erkennbar wurde, um wieviel mehr wird das bei voller Durchleuchtung aller meteorologischen Vorgänge sichtbar werden. Mit dem Begriff des „Luftkörpers" ist bereits angedeutet, in welcher Richtung die Objekte nach Dimensionen und Einheiten zu suchen sind. Begriffe wie Zyklonen und Antizyklonen, Fronten, Kalt- und Warmluft oder jene, die die Zustände der Atmosphäre nach Raum und Zeit umreißen wie Wetter und Wetterlage, sind Forschungsgegenstände der zusammenfassenden Klimageographie ohne Mittelwertbildung, der synoptischen Klimageographie. Diesem ohne Zweifel mit viel Teamarbeit verbundenen Forschungszweig gab BLÜTHGEN (1965) eine deutliche Verankerung in der Geographie. Es ist bei einer Einführung in die Physische Geographie nicht sinnvoll, die komplexen Gebilde der synoptischen Klimageographie in ihrem physikalischen Aufbau und Wirken zu besprechen. Dennoch sollen gerade im Hinblick auf das Verständnis der täglich in Wetterberichten benutzten Vokabeln die wichtigsten Grundbegriffe erläutert werden.

Ausgangspunkt für diese Forschungsrichtung sind die Wetterkarten und -berichte. Dazu gehören auch alle Beikarten über den Zustand der Atmosphäre in der Höhe sowie solche über Veränderungen. Kartenteil, Tabellen mit Bodenmessungen und die aerologischen Beobachtungen bilden das amtliche Organ des Deutschen Wetterdienstes („Täglicher Wetterbericht"). Sie werden ergänzt durch eine Reihe von Mitteilungen (Wetterkarten) der Landeswetterämter und der Seewetterkarte des Seewetteramtes in Hamburg. Neben den Ortsdaten sind in den Wetterkarten auch die Luftkörper (Hoch, Tief) und deren wetterwirksame Grenzen (Fronten) flächenhaft dargestellt.

Gewissermaßen als Grundgebilde der synoptischen Klimageographie sind Hoch- und Tiefdruckkörper zu verstehen. Ihre Wetterwirksamkeit hängt in erster Linie von ihrem Vertikalaufbau ab. Nur solche Gebilde, deren physikalisch einheitliche Zustände bis in größere Höhen (gemäßigte Breiten: 8–10 km) reichen, sind als vollentwickelte zu bezeichnen und bestimmen großflächig und langfristig das Wettergeschehen. Flache Druckkörper, die von anderen Luftmassen überlagert werden, sind meist wetterunwirksam und nur kurzlebig.

Tiefdruckgebilde, die entweder Kernstruktur oder rinnenartige Formen annehmen können, Randstörungen ausbilden und in Familienverbänden auftreten, entstehen als flache Welle oder Ausbuchtung an der Grenze von kalten und warmen Luftmassen. Sie besitzen an der Vorderseite eine Warmfront, an der Rückseite eine Kaltfront. Ihre Zugrichtung hängt u.a. von der Stärke der Druckgegensätze und der allgemeinen Lage der Luftkörper ab. Die West-Ost-Richtung wird häufig zu Gunsten einer meridionalen verlassen. Wichtig ist für diese Bewegung die Vertikalstruktur der Zyklone. Da die Warmfront infolge breitflächiger Turbulenz bei geringem Aufgleitwinkel (Gefälle 1:200) langsamer vorankommt als die Kaltfront mit böiger Turbulenz und sprunghaft wechselnder Windrichtung (Gefälle 1:80), wird die Zyklone allmählich schmaler. Mit dem Durchstoßen der Kaltluft bis zur Warmfront ist die Okklusion vollendet. Geographisch außerordentlich wichtig ist die Lage und Frequenz der Zugbahnen. Sie sind schon Ende des vorigen Jahrhunderts gut untersucht und bis heute nur unwesentlich verbessert worden (KLEIN, 1957; REINEL, 1960; BLÜTHGEN, 1942).

Das Hauptwettergeschehen im Bereich einer Zyklone spielt sich an der Grenze ab. Dabei ist zu bemerken, daß die Aktivität der Tiefdruckgebilde in Bodennähe besonders groß ist und zur Höhe hin bis zur Inaktivität in den Mischzonen abnimmt. Nach dem bekannten Wolkenaufzug von Cirrus über Cirrostratus, Altostratus und Altocumulus beginnt bei fallendem Druck der Niederschlag. Die Kaltfront tritt dagegen in den gemäßigten Breiten normalerweise als geschlossene und langgestreckte Cumulusbank auf und entsendet großtropfigen Niederschlag bzw. Graupeln und Schnee. Der Wind ist böig und verändert ständig seine Richtung. Nach kurzen Aufheiterungen folgen weitere Staffeln von Schauern. Von diesen Normaltypen eines Zyklonendurchzuges gibt es abweichende Formen, die insbesondere die Kaltfront betreffen. Sie beziehen sich u.a. auch auf den Alterszustand der Zyklone und damit die Entwicklung zur Okklusion. Erwähnt werden muß weiter die Tatsache, daß die tropischen Tiefdruckgebilde andere Frontalvorgänge haben. Die Temperatur- und Feuchteunterschiede in der Vertikalen sind in den unteren Luftschichten relativ einheitlich. Sie bieten daher kaum Fronten im Sinne der Zyklonen in den mittleren Breiten. Dazu kommt der ungeheuer große Vertikalaustausch mit Verstellung der Grenzflächen in der gleichen Richtung.

Noch mangelhaft sind die Kenntnisse über die Wanderbahnen der Hochdruckgebilde oder Antizyklonen. Sie sind strukturell viel einfacher als die Zyklonen, weil sie vor allem keine Frontalerscheinungen aufweisen und nur schwache Luftbewegung auftritt. Neben Auflösung von Wolken zeigen sie häufig Temperaturinversionen, die in Gebirgsnähe oder kontinentalen Gebieten wegen der Regelmäßigkeit klimageographisch zu Buche schlagen können (Häufung von tiefen Temperaturen insbes. Bodenfrostgefahr). Als kalte polare Hochs oder warme, dynamische Hochs können sie von Norden bzw. Süden weit nach Mitteleuropa vorstoßen, sich als Zellen abschnüren und blockierende Funktion gegenüber der zyklonalen Westwinddrift ausüben.

Im engen Zusammenhang mit den Studien über die Zyklonen und deren Frontbildung steht die Forschung über Luftkörper und Luftmassen allgemein. BJERKNESs Polarfronttheorie war ein erster Ausfluß. Tropikluft, Polarluft und Arktikluft wurden Grundbegriffe, die durch kontinentale und maritime Eigenschaften noch besonders differenziert wurden. Auch für die Südhalbkugel der Erde sind solche Einteilungen unter Hinzunahme einer Äquatorialluft erstellt worden. Besondere Probleme bilden weniger die Abgrenzungen in der Horizontalen als vielmehr in der Vertikalen. Die Bodenstörungen machen eine Beurteilung nicht leicht. Gerade durch die in jüngster Zeit zahlreichen aerologischen Befunde ist die Problematik der Luftkörperklimatologie besonders deutlich geworden (ALISSOW, 1954; FLOHN, 1958). Dennoch haben diese Studien und die über die Wettervorgänge im Hinblick auf die räumlich größeren und zeitlich längeren Vorgänge der Wetterlagen oder Wettertypen große Bedeutung erlangt. Im Begriff der Großwetterlage eines Kontinents stecken wissenschaftlich Großteile der Klimazonenlehre. Bahnbrechende Untersuchungen hat BAUR (1947; 1948) angestellt, die z.B. in der Aufstellung von Großwetterlagen Europas zum Ausdruck kommen und besonderen praktischen prognostischen Wert haben. Mehrere Versuche von BÜRGER (1958), FLOHN (1950), HESS und BREZOWSKY (1952) sowie BUTZER (1960) hat BLÜTHGEN (1966) zu der klimageographisch wichtigen Tabelle „Jahresgang der Häufigkeit der Hauptwettertypen in Mitteleuropa" zusammengefaßt (Tab. 28):

	J	F	M	A	M	J	J	A	S	O	N	D	Jahr
Westlagen	27	25	27	22	18	24	31	38	25	28	28	33	27
Nordwestlagen	8	9	7	8	7	13	18	14	7	6	9	8	9
Nordlagen	8	10	13	16	20	22	13	11	14	12	8	7	13
Südwestlagen	8	8	6	7	6	4	7	7	5	9	10	8	7
Süd- u. Südostlagen	10	8	10	8	4	1	0	1	6	10	12	10	7
Troglagen und Zentraltief	7	7	8	8	7	4	6	4	6	6	8	4	6
Ost- u. Nordostlagen	12	15	15	17	21	14	9	9	12	10	7	9	12
Hochdrucklagen	19	19	14	12	14	14	16	16	25	18	18	20	17

Schließlich gehören auch die Singularitäten und Regelfälle zu jenen klimatologischen Erscheinungen, die eine sehr komplexe Entstehung haben. Unter Singularitäten sollen nur wirkliche Einmaligkeiten verstanden werden. Sie sind für das Gesamtbild des Klimas unerheblich. Dagegen sind Regelfälle durch die Häufigkeit ihres Auftretens von klimageographisch oft entscheidender Bedeutung, wie die Tabelle 29 von FLOHN und HESS (1949) sowie FLOHN (1954) beweist. Dabei ist nicht allein ihre Lage an

Jahreszeitengrenzen mit besonderen, oft störenden Einflüssen auf die Vegetationsperiode interessant. Auch die damit verbundenen, langfristig wirksamen Wechsel der Wetterlagen sind für die Ausscheidung von Klimatypen wichtig.

Tab. 29

Regelfall (mit Abkürzung) zyklonal (nach links versetzt) antizyklonal	Zeitraum	Großwetterlage	rel. Häufigkeit 1881 bis 1947
Tauwetter 2 (T^2)	1. –10.12.	Westwetter	81 %
Frühwinter (Wf)	14. –25.12.	Winterhoch Osteuropa	67 %
Weihnachtstauwetter (T^3)	23.12.– 1. 1.	Westwetter	72 %
Hochwinter (Wh)	15. –26. 1.	Kontinentalhoch	78 %
Spätwinter (Ws)	3. –12. 2.	Winterhoch Nordosteuropa	67 %
Vorfrühling (Fv)	14. –25. 3.	Kontinentale Hochs	69 %
Spätfrühling (Fs)	22. 5.– 2. 6.	Nord- u. Mitteleuropahochs	80 %
Sommermonsun 2 (M^2) = Schafkälte	9. –18. 6.	Nordwestwetter	89 %
Sommermonsun 5 (M^5)	21. –30. 7.	Westwetter	89 %
Sommermonsun 6 (M^6)	1. –10. 8.	Westwetter	84 %
Spätsommer (Ss)	3. –12. 9.	Mitteleuropahochs	79 %
Frühherbst (Hf) = Altweibersommer	21. 9.– 2.10.	Mittel- u. Südosteuropahochs	76 %
Mittelherbst (Hm) = Martinssommer	28.10.–10.11.	Mitteleuropahochs	69 %
Spätherbst (Hs)	11. –22.11.	Mitteleuropahochs	72 %

7 Allgemeine Zirkulation der Atmosphäre

Aus den Einzelelementen und den Elementgruppen der Klimatologie setzt sich die globale Zirkulation zusammen. Wenn auch im einzelnen lokale oder regionale Besonderheiten das Klimabild bestimmen, so sind diese Vorgänge in das allgemeine Geschehen der Zone eingebettet. Ansatz für die allgemeine Zirkulation der Atmosphäre sind der Strahlungshaushalt, die daraus resultierenden Wärme- und Druckunterschiede und damit das Windsystem. Die Vorstellungen über die globale Zirkulation haben sich infolge der Erweiterung der Forschungsergebnisse laufend geändert. Man kann aber sagen, daß die derzeitige Auffassung in ihrer Grundstruktur keine wesentlichen Verschiebungen mehr erfahren wird. Das ist das besondere Verdienst der aerologischen Forschung, durch die die Meteorologie die Zustände und Abläufe in der höheren Atmosphäre in ihrer Bedeutung für die Zirkulation kennenlernte.

Bis dahin ging die Klimatologie von zwei planetarischen Windsystemen, dem Passat- und Westwindsystem, und einem tellurischen, dem Monsunsystem, aus (Abb. 22). Eine wichtige Austauschlinie war diejenige zwischen polarer Kaltluft und subtropischer Warmluft an der Polarfront in Form von Zyklonen. Das Monsunsystem wurde als selbständige Einheit im Sinne eines reinen Land-Meer-Austausches betrachtet, ohne daß Kompensationsströmungen gefunden wurden.

Für das heute gesicherte Bild der Zirkulation, das wir in erster Linie FLOHN (1944, 1950, 1953, 1958, 1960) verdanken, sind einige Grundlinien zu nennen. Dynamischer Ausgangspunkt sind die Hochdruckgebiete in den Subtropen, die bei wolkenarmer Atmosphäre die höchste Einstrahlungsenergie auf der Erde erhalten und daher einen Wärmeüberschuß gegenüber den äquatorialen, wolkenreichen Gebieten und den wegen des Einfallswinkels strahlungsungünstigeren und wolkenreichen gemäßigten Breiten besitzen. Thermodynamisch wichtig, wenn auch nicht so effektvoll wie das Subtropengebiet, sind die Polargebiete im Sommer. Sie genießen wegen der Dauerbestrahlung in den höheren Luftschichten gegenüber den äquatorialen Breiten eine Wärmebegünstigung, die zu einem Hoch in der Stratosphäre führt. Überhaupt haben die aerologischen Untersuchungen ergeben, daß innerhalb der einzelnen „Stockwerke" der Atmosphäre selbständige Ausgleichströmungen entwickelt sind. Eine besonders wichtige Erkenntnis war die Auflösung der geschlossenen Gürtel zugunsten von Zellen bzw. Zellenketten. In diese Zellenstruktur konnte auch das Monsunsystem als Teil der planetarischen Zirkulation integriert werden. Dies geschah insbe-

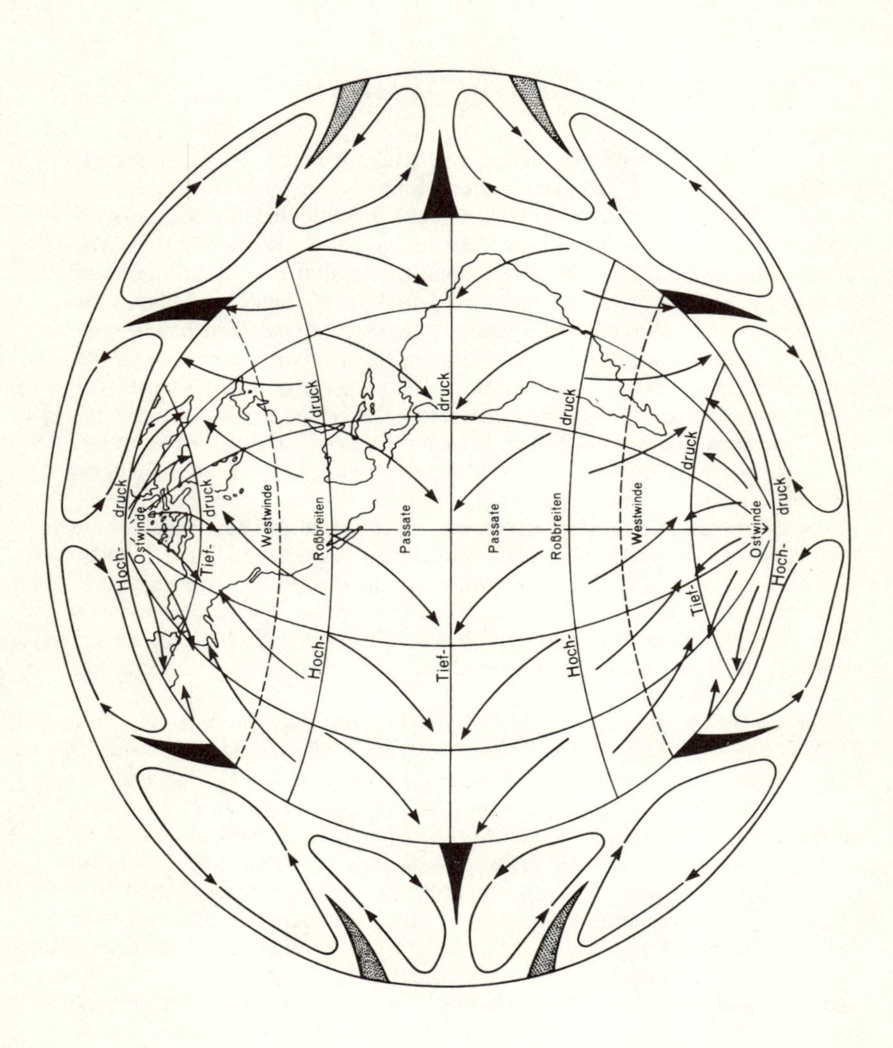

Abb. 22 Schema der Druck- und Windverhältnisse auf der Erde (nach RUMNEY, 1968, in den Schnitten verbessert)

sondere in Asien durch das auch vorher bekannte System des Wanderns der Druck- und Windsysteme. Deutlicher als FLOHN weist BLÜTHGEN (1966) auf einen weiteren, auch bei der alten Auffassung von der Zirkulation bekannten Motor hin: Der thermische Gegensatz Äquator zu Polgebieten. Allerdings ist es weniger der in Erdbodennähe bestehende Temperaturunterschied – er beträgt nur 30° bis 60° – sondern vielmehr der thermische Gegensatz „Bodenwerte Subtropen" zu „Obergrenze der Troposphäre Tropen" bzw. zu „Atmosphäre Polarkappen", der als Antrieb für Luftbewegungen fungiert. Der Temperaturgegensatz beträgt nämlich 90° bis 110°C. Die Vergleiche der Wärmehaushalte auch in der Vertikalen lenkten die Aufmerksamkeit auf die schräge Lage der Isothermen und eröffneten so Erklärungsmöglichkeiten für Luftaustauschsysteme. Eine solche Schräglage einer isothermen Fläche besteht in den mittleren Breiten, in der die thermischen Gegensätze von warmen (subtropischen) und kalten (polaren) Luftmassen besonders groß sind. Dieses Druckgefälle in der Höhe schafft planetarische Frontalzonen. Je weiter sie von der Erde und ihrem Reibungseinfluß entfernt sind, umso größer sind die Geschwindigkeiten im Luftaustausch. So kommt es in den mittleren Breiten zwischen 35° und 65° zu einer Strahlströmung (jetstream), deren mittlere Windgeschwindigkeit 120 km/h, nicht selten 400, ja 1 000 km/h erreichen können. Dieses breite Band ist nicht homogen, sondern spaltet sich auf und verläuft in ungleichmäßigen Wellen. Diese Inhomogenität nach Lage und Geschwindigkeit wird den bodennäheren Luftschichten mitgeteilt. So nehmen die Strahlströme zonal großen Einfluß auf das Wettergeschehen und die klimageographische Ausstattung der Erde. Schon eine Liste der verschiedenen Strahlströme, wie sie BLÜTHGEN (1966) im Anschluß an FLOHN (1958) und REITER (1961) in Kurzform aufstellte, macht die globale Bedeutung dieses Luftaustausches deutlich:

35° – 55°:	Polarfront-Strahlstrom, im Sommer z.T. aufgespalten mit einem Arktikfront-Strahlstrom
25° – 40°:	Subtropischer West-Strahlstrom
50° polwärts:	Stratosphärischer Polar-Strahlstrom
10° – 20°:	Hochtroposphärischer bis stratosphärischer Ost-Strahlstrom über den Tropen
Tropen:	BERSON-Westwinde Krakatauwind

Darüber hinaus gibt es noch jetartige Sturmbänder in der Atmosphäre (low-level-jet), die an Inversionsflächen gebunden sind. Im übrigen sind die Fronten in der Westwinddrift weit ausgebuchtet. Warm- und Kaltluftzungen stoßen pol- bzw. äquatorwärts vor. Die Zirkulation in der Westwindzone und ihren Grenzgebieten kann aber nur verstanden werden, wenn man die Druck- und Windverhältnisse der Höhe berücksichtigt. Während am Boden der Polargebiete flache Hochs östliche Winde entsenden, liegt in der Höhe ein Tief. Beide entsenden Zellen kalter polarer Luft in die

Westwindzone und bis in die Subtropen. In großer Höhe greift dagegen der Westwind weit über die bodennäheren Ostwinde in Richtung Pol, wie er auf der anderen Flanke auch weit über die tropischen Luftmassen (Ostwinde als Passate) in Richtung Äquator vorstößt. Bisweilen treten die beiden Westwindgürtel der Erde, über alle tropischen Luft- und Windsysteme hinwegreichend und ohne in Kontakt mit diesen stehend, zusammen. Sie sind naturgemäß in solchen großen Höhen wetterunwirksam und geographisch ohne Bedeutung. Entgegen der früheren Auffassung ist also der Antipassat kein reiner Kompensationsstrom für den Passat, sondern ein Teil der ektropischen Westwinddrift.

In der Westwindzone ist neben den in der Höhe wirksamen beiden jet-streams – dem Polarfront-Strahlstrom und dem subtropischen West-Strahlstrom – die subpolare Tiefdruckfurche wetter- und damit klimabestimmend. Wie oben bereits erwähnt, sind die jet-streams für die Steuerung der troposphärischen Druckkörper verantwortlich. Ihre Lage und Stärke allerdings wird von den jahreszeitlich wechselnden Strahlungsverhältnissen Äquator zu Pol bestimmt. Die stärkeren Strahlungs- und damit Druckgegensätze im Winter – Äquatorgebiete sind warm mit Antizyklonen und Ostwinden, Polargebiete sind kalt mit Zyklonen und Westwinden – bedeuten eine Verstärkung der Westwinddrift. Im Sommer sind die höheren Luftmassen in den Polargebieten wegen der ununterbrochenen Bestrahlung antizyklonaler als die Tropen mit ihrer halbtäglichen Sonnenscheindauer, so daß östliche Winde von den Polgebieten in die Westwindzone strömen, die die letzteren bremsen und die Bewegung u.U. ganz aufheben.

Die Frontalzone unterliegt mannigfachen Wandlungen. In Mäanderform folgen Warm- und Kaltluftzellen, die teils blockierend wirken können. Sowohl subtropische Höhenhochs als auch polare Kaltlufttropfen sind sehr stationär und bedingen unveränderte Wetterlagen. So bewirkt das Höhenhoch trocken-heiße Sommertage bzw. trocken-kalte Wintertage. Dagegen führt der polare Kaltlufttropfen zu Dauerregen. Je nach Stärke der Ausbuchtung spricht man von zonaler Zirkulation (Mäander sind flach) oder meridionaler Zirkulation (Mäander sind stark ausgebuchtet). Die Lagekonstanz oder -veränderung dieser Druckgebilde führte BAUR (1963) in mehrfachen Versuchen zu einer Aufstellung von Grundtypen der Zirkulation in der nördlichen ektropischen Westwinddrift.

Neu sind die Erkenntnisse über die planetarische Stellung des subtropischen Hochdruckgürtels. Die alte Erklärung, daß dieses Hochdruckgebiet aus der Raumverengung der vom Äquator nach Norden bzw. Süden abfließenden Luftmassen herrührt, ist als alleinige Deutung nicht mehr aufrecht zu erhalten. Ein Teil der Tendenz zur Hochdruckstruktur wird noch aus dem absteigenden Ast der tropischen Luft erklärt werden können. Regeneration und stellenweise Verstärkung des Hochdruckgürtels kommt vielmehr daher, daß aus der Westwinddrift Zellen mit steigendem Druck nach rechts, d.h. zu den Subtropen, ausscheren, während die Luftkörper mit fallendem Druck zu den Polgebieten, d.h. nach links abweichen. Wenn aber Luftkörper aus der Westwinddrift und damit z.T. auch aus polaren Regionen in den subtropischen Hochdruckgürtel eingebaut werden, können sie von dort aus auch auf dem „Passatweg" bis in die Äquatorialgebiete gelangen. Umgekehrt können auf diese Weise auch tropische Luftmassen tropfenweise in ektropische Zonen vorstoßen.

Von den Hochdruckzellen der Subtropen gehen die tropischen Ostwinde aus (Abb. 22, S. 76). Die anfänglich in Nord-Süd-Richtung wehenden Winde werden in Bodennähe durch Reibung und Corioliskräfte in eine nordöstliche bzw. südöstliche Richtung, in äquatorialen Gebieten sogar in östliche Richtung umgelenkt. Sie sind nach Richtung und Geschwindigkeit die beständigsten Windgürtel der Erde. Von diesem Passat, dem Unterpassat, wird ein von Bodenreibung freier Oberpassat unterschieden. Eine Temperaturinversion von + 1,15°/100 m entsteht durch das Absinken der Luft in den Roßbreiten, den Wurzelzonen des Passats. Diese Inversionsgrenze liegt in 1 – 2 km Höhe und steigt Richtung Äquator unter Erwärmung und Feuchteaufnahme sowie Steigerung der Niederschlagstendenz. Normalerweise ist der Passatgürtel sehr stabil. Treten einmal äquatoriale Luftkörper oder Zyklonen der Westwinddrift in diesen passatischen Hitzebereich über, so können sich wetterwirksame Fronten bilden, deren Gewitter große Niederschlagsmengen auf den Wüstenboden bringen. Die Konstanz der Passatgebiete erfährt geringe Abstriche dadurch, daß sie gegenüber den Ozeanen auf den Festländern vor allem zur Sommerzeit schwächer ausgebildet ist, ja z.T. in Bodennähe ganz fehlt.

In Äquatornähe, d.h. zwischen 5°N und S, liegt die innertropische Konvergenz, eine äquatoriale Westwindzone. Gleichbleibende, oft hohe Luftwärme und Feuchtigkeit schaffen einen bis in die Hochtroposphäre (d.h. über 5 – 6 km) reichende Labilität. Diese Bedeutung der Konvektionswirkung für das Klima der Innertropen wird noch verstärkt dadurch, daß es kaum zur Frontenbildung kommt. Die unweit des Äquators bereits wirksamen Corioliskräfte erzeugen westliche Winde, die aber wegen der geringen Druckgegensätze in der heißen Tropenzone nur schwach sind. Es herrscht eher Windstille, die dieser Zone auch die Namen Kalmen oder Mallungen eingetragen hat. Differenzierungsfaktor der innertropischen Konvergenz ist der Niederschlag. Die hohe Feuchtlabilität führt zwar zu hohen Niederschlagsmengen bei sehr niedrigem Kondensationsniveau (500 – 700 m Höhe). Aber Stärke und Reichweite der Konvergenz in der Höhe einerseits sowie die Grenzlage einer Station zur Passatzone andererseits verursachen Asymmetrien in der Regenergiebigkeit. Zur Bildung von Zirkulationstypen reicht dies aber nicht aus. Auch der Forschungsstand bedarf noch einer breiteren Faktenbasis, bevor in der innertropischen Konvergenzzone geographisch auswertbare Differenzierungen möglich sind. Die Tiefe der Problematik innertropischer Zirkulation wird auch durch die Tatsache belegt, daß der mit dem scheinbaren Wandern der Sonne sich verlagernde Niederschlagsgürtel zu den Wendekreisen nicht umkehrbar eindeutig auch Gürtel des Zenitalregens heißen darf, worauf insbesondere BLÜTHGEN (1966) hingewiesen hat.

In das System der planetarischen Zirkulation kann, wie bereits oben erwähnt, die Monsunzirkulation stärker eingebaut werden. Unter Monsun versteht man das jahreszeitliche Wechseln des Windes, das im Falle von Indien vom NE-Wind des Winters zum SW-Wind des Sommers führt. Das ganze ist – nach alter Auffassung – allein eine Folge der in der Sommerzeit stärkeren Erwärmung des Landes gegenüber dem Meer. Daraus folgen Luftbewegungen vom Meer zum Land. Im Winter kehrt sich mit der größeren Meerwärme und Festlandskälte das Druckgefälle um. Klassische Länder des Monsuns – z.T. auch als Paradebeispiele für die alte Auffassung – sind Vorder- und Hinterindien, die Oberguineaküste und Ostasien. Beobachtungen über die meteorologischen Zustände der höheren Atmosphäre haben ergeben, daß diese reine Land-Meer-Beziehung die Monsunphänomene nicht erklärt. FLOHN (1956) kommt vielmehr zu einer Erklärung, die in Kurzform heißen könnte: Der Monsun ist die im Sommer weit nach Norden reichende äquatoriale Westwindzone, wobei diese weite Nordverlagerung eine Folge der sehr starken Erhitzung und damit der kräftigen Tiefdruckzellen über dem Iran ist. Diese Erklärung erhält eine weitere Stütze dadurch, daß die Störungen innerhalb der Monsunzirkulation von Osten nach Westen gesteuert werden, was auf den Einfluß der über den tropischen Westwinden planetarisch folgenden Passatzirkulationen zurückzuführen wäre. Das Monsunphänomen in Ostasien ist dagegen – ebenfalls aus Studien der Zugbahnen von Störungen abzulesen – eine Folge der weit südwärts reichenden ektropischen Luftmassen, d.h. der Westwindzone mit Zyklonen. Diese Ausbuchtung der außertropischen Luftmassen beruht wahrscheinlich auf der Leewirkung hinter den großen Hochgebieten Zentralasiens. Es kommt als Motor für die Niederschläge hinzu, daß das Subtropenhoch nur schwach in der Höhe ausgebildet ist und in den bodennahen Luftschichten daher tropische Luft mit ektropischer unmittelbar zusammenstößt. Ergiebige Sommerregen sind die Folge. Mit dem Wandern dieser Frontalzone verschiebt sich auch der Eintritt in die Regenzeit, so daß einem frühsommerlichen Niederschlag im Süden Ostasiens eine Regenpause des Hochsommers und eine erneute Niederschlagsperiode bei Rückkehr der Front im Herbst folgt. Der Norden Ostasiens – Korea – erlebt dagegen nur eine hochsommerliche Regenperiode (LAUTENSACH, 1949; 1950). Als weiterer Differenzierungsfaktor spielt die Land-Meer-Verteilung, insbesondere die zahlreichen und mehr oder weniger weit vom Festland wegliegenden Inseln, eine Rolle. Die dazwischen liegenden Meere bieten den Luftmassen viele Möglichkeiten, Feuchtigkeit neu aufzunehmen.

8 Methodisches zu Klimaklassifikationen

Die Ergebnisse der analytischen Klimageographie – seien es die Studien über die Einzelelemente oder die über Elementgruppen – sollen ausmünden in ein System von Klimaräumen. Dies kann geschehen, indem für einzelne Räume der Erde – Länder, Kontinente, Landschaften, Regionen – die klimatischen Strukturen geographisch erfaßt und geordnet werden. Damit würde die Klimaforschung einen regionalen Beitrag zur länder- und landschaftskundlichen Forschung liefern. Der zweite Weg – und der wird im allgemeinen unter der Formulierung „Methodisches zu Klimaklassifikationen" verstanden – würde den Versuch enthalten, auf irgendeine Weise Klimatypen zu erarbeiten. Die Problematik liegt naturgemäß in der Auswahl des Kriteriums bzw. der Kriterien und ergibt sich bei der Fixierung der Schwellenwerte.

Schon bei der Besprechung der Einzelelemente wurde immer wieder darauf hingewiesen, daß von einer Reihe sehr wichtiger Elemente nur wenige Messungen nach Raum und Zeit vorliegen. Die Dichte des Stationsnetzes setzt den Bestrebungen, für eine Aussage wertvolle Klimadaten als Klassifikationsmerkmale zu benutzen, eine scharfe Grenze. Letztlich bleiben für eine globale Einteilung nur Niederschlags- und Temperaturmittelwerte monatsweise in genügender Vielzahl und Dichte übrig. Dennoch hat es nicht an Versuchen gefehlt, auch andere Klimadaten für eine geographische Raumordnung zu bemühen.

Zwei Arbeitsrichtungen haben sich bei der typenbildenden Klimaeinteilung ergeben: Erstens kann man die Genese der Klimate, d.h. die allgemeine Zirkulation benutzen. Zweitens sind die Wirkungen klassifizierbar. So spricht man entweder von genetischen oder von effektiven Klassifikationen.

81 Genetische Klassifikationen

Die genetische Methode operiert mit unsicher abgrenzbaren Luftkörpern und -massen. Ihr Nachteil ist, daß sie quantitativ nicht faßbar ist und im allgemeinen über große Flächen generalisiert. Dennoch sind auf dem beschrittenen Wege dieser Klassifizierungsmethode beachtliche Ergebnisse zu verzeichnen, wenn man bedenkt, wie wenig erst über die Primärursachen des Klimas allgemein und flächendeckend bekannt bzw. genauer erforscht ist. In ein solches System müssen neben der allgemeinen Lagefeststellung der Zirkulationsgürtel sowie deren zyklonale und antizyklonale

Einzelglieder die Einwirkungen von Luv und Lee, Ozeanität und Kontinentalität, Höhenlage sowie Bodenbewuchs einbezogen werden.

Das erste System dieser Art wurde von A. HETTNER (1930) mit Hilfe der Windsysteme erstellt. Neben diesem Haupteinteilungsprinzip treten die oben genannten Kriterien unter Hinzunahme der Länge der Regenzeit hinzu. Von den 41 Haupttypen und 8 Untertypen seien zur Verdeutlichung folgende Begriffe als Beispiel angeführt:

Außeräquatoriales Tropen- und Monsunklima
- Feuchte Luvseiten
- Immerfeuchte Luvseiten
- Lange Regenzeit
- Kurze Regenzeit
- Kurze Regenzeit und trockene Leeseite
- Kurze Regenzeit oder trockene Leeseite

Passatklima
Seeklima
Kaltes Binnenklima
Kühles Binnenklima
Warmes Binnenklima
Hochlandklimate u.a.m.

Nach „stetigen" und „alternierenden" Klimaten ist die Einteilung von FLOHN (1950) geordnet. Er geht von den vier Zirkulationsgürteln (1., 3., 5., 7.) auf jeder Halbkugel aus, die sich mit dem Sonnenstand verlagern und drei Überlappungsgürtel (2., 4., 6.) liefern:

1. Äquatoriale Westwindzone mit der bzw. den innertropischen Konvergenzen
2. Randtropen mit sommerlichem Zenitalregen und winterlichem Passat
3. Subtropische Trocken- und Passatzone
4. Subtropische Winterregenzone (Mittelmeerklima)
5. Außertropische Westwindzone
6. Subpolarzone mit sommerlichen polaren Ostwinden (kontinentaler Untertyp: boreale Zone nur auf der Nordhalbkugel)
7. Hochpolare Ostwindzone.

Das Monsunklima hat FLOHN, entsprechend seiner Auffassung von der primär planetarischen Ordnung der Atmosphäre, als Sekundäreffekt in äquatoriale bzw. ektropische Windgürtel eingehen lassen. FLOHNs Darstellung der Klimatypen auf einem Idealkontinent und den Weltmeeren wurde von KUPFER (1954) in eine Weltkarte umgemünzt.

Eine dynamische Grundlage steckt auch in der Klassifikation von HENDL (1960; 1964). Die vier Haupttypen der tropischen, subtropischen, außertropischen und azonalen Klimate werden nach Luv- und Leelagen sowie Kern- und Randlagen differenziert.

I. Tropische Klimate
1. Monsunklima
2. Luvseiten-Monsunklima
3. Permanentes kontinentales Kernpassatklima
4. Permanentes maritimes Kernpassatklima
5. Permanentes maritimes Luvseiten-Passatklima
6. Permanentes maritimes Leeseiten-Passatklima
7. Passatinternes Wechselklima mit sommerlicher maritimer Randpassat-Periode
8. Permanentes äquatoriales Passatwestdriftklima
9. Permanentes äquatoriales Luvseiten-Passatwestdriftklima
10. Subäquatoriales Kernpassat-Wechselklima mit sommerlicher Passatwestdrift-Periode

II. Subtropische Klimate
11. Zyklonales Wechselklima mit sommerlicher Kernpassat-Periode
12. Zyklonales Wechselklima mit sommerlicher maritimer Randpassat-Periode

III. Außertropische Klimate
13. Permanent-zyklonales Polarklima
14. Permanent-zyklonales Subpolarklima
15. Permanent-zyklonales temperiertes Klima
16. Permanent-zyklonales temperiertes Luvseitenklima
17. Permanent-zyklonales temperiertes Leeseitenklima
18. Monsunal-zyklonales temperiertes Klima

IV. Azonale Klimate
19. Autochthones Plateauklima
20. Parautochthones Binnenklima

Aber auch diesem System mangelt es an einer ohne Zweifel notwendigen Feingliederung in bestimmten Gebieten (wie z.B. Eurasien). Gleichwohl ist der Wert dieser Klassifikation für klimageographische Aussagen und insbesondere als Ausgangsbasis für eine Verfeinerung sehr hoch einzuschätzen.

Im Ergebnis noch zu den genetischen Klimaklassifikationen könnte man auch die von BRUNNSCHWEILER (1957) und ALISSOW (1954) zählen, die beide mit Luftkörpern operieren. BLÜTHGEN (1966) bemerkt allerdings, daß sich diese Klimatypen am Ende einer „recht komplizierten Wirkungskette“ befinden, wie das auch für das noch zu behandelnde System von CREUTZBURG (1950) gilt. BRUNNSCHWEILER (1957) hat – allerdings bisher nur für die Nordhalbkugel der Erde – die Häufigkeit der Luftmassen, gegliedert nach Arktikluft, Polarluft, Tropikluft und Äquatorialluft, mit den jeweils kontinentalen oder maritimen Komponenten errechnet. Der Anteil wird mit größer 80 %, 50 – 80 % und 20 – 50 % abgestuft. Abgehoben von der allgemeinen Zirkulation benutzt BRUNNSCHWEILER also die nächst tiefere genetische Aussageebene im Bereich der Luftmassen nach Häufigkeit und Wirksamkeit, womit ohne Zweifel eine möglicherweise zu große Abstraktion eintritt, die typisierende Einzelwerte und deren Kombinationsmöglichkeiten verdeckt.

Noch stärker als bei BRUNNSCHWEILER ist in der Klassifikation von ALISSOW (1954) diese Signifikanz von Einzelwerten ausgelöscht worden. Schon die Endgliederung in 7 Zonen bedeutet rein quantitativ eine fast unzulässige Generalisierung in:

1. Zone der äquatorialen Luftmassen
2. Zone der äquatorialen Monsune (subäquatoriale Zone)
3. Zone der tropischen Luftmassen
4. Subtropenzone
5. Zone der Luftmassen der gemäßigten Breiten
6. Subarktische Zone
7. Arktische Zone.

So kommt es, daß die Luftmassen über Irland die gleiche Signatur und damit Genese aufweisen wie jene über der Mongolei.

82 Effektive oder vorwiegend effektive Klassifikationen

Bei den effektiven Systemen werden durch Mittelwerte, Schwankungsgrößen, Grenzwertbildung und Angaben über die Wirkungsdauer Typen erarbeitet, indem aus dem Stationsnetz und durch Interpolation die Grenzen gewonnen werden. Die Schwierigkeit liegt darin, daß sowohl vom Datenmaterial der Stationen als auch vom Informationsstand der Zwischenräume her die Genauigkeit gebietsweise sehr verschieden sein kann. Wie oben bereits erwähnt, sind nur die Temperaturmittel und Niederschlagshöhen für die einzelnen Monate global vorhanden und daher für effektive Klassifikationen verwendbar. Anhand von Einzelbeispielen sollen die Möglichkeiten und Methoden jeweils vorgeführt und diskutiert werden.

Das wohl umfassendste und detaillierteste effektive System, dem auch gleichzeitig ein sehr komplexes Wirkungsgefüge eigen ist, wurde in mehreren Versuchen von W. KÖPPEN (1900; 1918; 1931; 1936) entworfen. Das geschieht durch eine Fülle von genau fixierten, z.T. mehrmals verbesserten Grenzwerten und Angaben über die Andauer atmosphärischer Zustände. Darüber hinaus nimmt KÖPPEN Bezug auf biologische Fakten. Er hat auch die Luftzirkulation hinzugenommen. Wärmezonen und natürliche Vegetation, letztere von GRISEBACHs (1838) und de CANDOLLEs Arbeiten entnommen, waren die Hauptbezugseinheiten seiner Ordnung. Von den 6 Haupttypen sind 5 thermischer und eine hygrischer Art. Folgendes Grundsystem wurde von KÖPPEN (1931) entwickelt:

Zonen

A-Klimate: Tropische Regenklimate mit kältestem Monat größer als 18°C (Untergliederung nach Dauer der Trockenzeit)

B-Klimate: Trockene Klimate (Abgrenzung zu den Nachbarzonen durch das empirisch gewonnene Verhältnis von mittlerer Jahrestemperatur t (in °C) und jährlicher Regenmenge r (in cm))
1. bei Sommerniederschlag: r = 2(t + 14)
2. bei Niederschlag ohne Periode: r = 2(t + 7)
3. bei Winterregen: r = 2 t
Innerhalb der B-Klimate werden zwei Hauptstufen der Regenarmut unterschieden, die zur Einteilung in Steppenklimate (BS) und Wüstenklimate (BW) führen. Dazu werden folgende Formeln benutzt:
1. bei Sommerniederschlag: r = t + 14
2. bei Niederschlag ohne Periode: r = t + 7
3. bei Winterniederschlag: r = t

C-Klimate: Warm gemäßigte Regenklimate mit kältestem Monat zwischen + 18° und – 3° (Untergliederung nach der jahreszeitlichen Verteilung der Niederschläge)

D-Klimate: Boreale oder Schnee-Wald-Klimate mit kältestem Monat kleiner als – 3° und dem wärmsten größer als 10° (Untergliederung nach der jahreszeitlichen Verteilung der Niederschläge)

E-Klimate: Schneeklimate mit wärmstem Monat kleiner als 10°. Innerhalb der E-Klimate werden zwei Hauptstufen des Temperaturganges unterschieden: ET: wärmster Monat kleiner als 10° aber größer als 0°. EF: wärmster Monat kleiner als 0°.

Rund zwei Dutzend weiterer Merkmale hat KÖPPEN ausgeschieden, die er mit kleinen Buchstaben signiert hat. Davon ist die schon erwähnte Gruppe der Trockenheitsanzeiger wohl die wichtigste. Sie wird auch im allgemeinen als Untergrenze der Differenzierung bei den normalen KÖPPENschen Klimakarten angesehen. So bedeuten:

w = trockenste Zeit im Winter der betreffenden Halbkugel (=wintertrocken):
1. bei C- und D-Klimaten hat der niederschlagsreichste Monat der wärmeren Jahreszeit mehr als zehnmal so viel Niederschlag wie der niederschlagsärmste der kälteren.
2. bei A-Klimaten hat mindestens ein Monat weniger als 60 mm Niederschlag.

s = trockenste Zeit im Sommer der betreffenden Halbkugel (=sommertrocken):
1. bei C- und D-Klimaten hat der niederschlagsreichste Monat der kälteren Jahreszeit mindestens dreimal so viel Niederschlag wie der niederschlagsärmste der wärmeren.
2. bei A-Klimaten tritt dieser Zustand nur ganz lokal und sehr selten auf, so daß er bei Kartendarstellungen praktisch vernachlässigt werden kann.

f = beständig feucht (genügender Regen oder Schnee in allen Monaten). Die Schwankungen müssen kleiner sein als die unter w und s angegebenen Grenzwerte.

m = Mittelform, Urwaldklima trotz einer Trockenzeit (Niederschlagsmenge im Jahr reicht aus, daß Pflanzen auch eine kurze Trockenperiode ohne Schaden oder Anpassung überleben).

Schon die Klassifizierungsmerkmale der jahreszeitlichen Verteilung der Trockenzeit zeigen, wie umfangreich und detailliert das Zahlenmaterial aussehen muß, um diesen wichtigen Klimafaktor systematisch zu verwenden. Dennoch sind nicht alle charakteristischen Niederschlagsgänge dabei erfaßt, so daß KÖPPEN noch Zusatzzeichen eingeführt hat, von denen die folgenden die wichtigsten sind:

s' bzw. w' = sommer- bzw. wintertrocken, aber Niederschlagsmaximum im Herbst

s" bzw. w" = gegabelte Niederschlagszeit mit kurzer Trockenzeit dazwischen.

Mit diesen bisher erläuterten Zeichen ist ohne Zweifel eine sehr differenzierte Gliederung nach Klimatypen möglich, die auch geographischen Ansprüchen insbesondere in pflanzen- und agrargeographischer sowie geomorphologischer Hinsicht gerecht würde. Sie sollte auch als Lehrobjekt für Schulen dienen, indem sie einerseits noch genügend Überblick für Zusammenhänge in den einzelnen Klimatypen zuläßt; andererseits aber auch ein geeignetes Beispiel für die Arbeitsweise (Rechengänge, Grenzwertbildung u.a.m.) in der Klimageographie ist. Inwieweit es sinnvoll ist, die von KÖPPEN noch entwickelten Abgrenzungskriterien zur Untergliederung im Weltkartenstil zu verwenden, hängt vom Maßstab der Karte ab. Bei Regionalbetrachtungen können sie in jedem Fall große Hilfe für geographische Kausalaussagen darstellen. So ist die Bedeutung der Nebelbildung – KÖPPEN unterscheidet vier Typen in Abhängigkeit von Zeit und Temperatur – und die der Wärme nach Haupttypen sowie Schwellen und Andauer, z.B. i = isotherm (Differenz der extremen Monate kleiner als 5°) für Teilräume der Erde sicherlich sehr groß. Auch die Benutzung des Symbols H für ein Höhenklima über 3 000 m ist eine regional wichtige klimageographische Aussage.

Um die Weiterentwicklung des KÖPPENschen Systems hat sich neben THORNTHWAITE (1931) und TREWARTHA (1954) besonders v. WISSMANN (1939; 1962 in BLÜTHGEN, 1966) verdient gemacht. Er gliederte nicht nur den hygrisch definierten Typ der B-Klimate in eine thermische Abfolge ein, sondern er korrigierte aus seiner Kenntnis der ostasiatischen Gebiete auch einige Grenzwerte. Es scheint nützlich zu sein, vor allem im Hinblick auf eine Verdeutlichung, in welchem Umfang v. WISSMANN das System von KÖPPEN verändert hat, die Haupttypen und Untertypen vorzustellen:

I Warmtropisch:
Grenze: absolute Frostgrenze oder Wärmemangelgrenze, d.h. kältester Monat größer als 18,3°
II Subtropisch:
Grenze: 8 Monate größer als 9,5°
III Kühlgemäßigt:
Grenze: Jahrestemperatur + 4°
IV Boreal:
Grenze: wärmster Monat größer als 10°
V Subpolar und polar:
wärmster Monat kleiner als 10°

Dieser verbesserten, rein thermischen Großordnung steht auch eine Verbesserung der Formeln für die Trockengrenze zur Seite. Die Aridität wurde nach der Formel von WANG (1941) und v. WISSMANN berechnet
Das globale System sieht wie folgt aus:

I Warmtropisch ohne Frost
- I F Tropischer Regenwald
- I M mit schwacher Trockenzeit
- I T mit Trockenzeit (Feuchtsavanne), Grenze wie bei KÖPPEN
- I S Trocken- und Dornsavannen-Klima, Grenze: N kleiner als 2 1/2 (T + 14)
- I W Tropisches Wüstenklima, Grenze: N kleiner als T + 14

II Subtropisch
- II F feucht
- II T s sommertrocken, mehr als 2 aride Sommermonate
- II T w wintertrocken, mehr als 4 aride Wintermonate
- II S subtropisches Waldsteppen- und Steppenklima
  Grenze bei { Winterregen N kleiner als 2 1/2 T; Sommerregen N kleiner als 2 1/2 (T + 14) }
- II W Subtropisches Wüstenklima
  Grenze bei { Winterregen N kleiner als T; Sommerregen N kleiner als T + 14 }

III Kühlgemäßigt
- III F a feucht-ozeanisch, kältester Monat über + 2°
- III F b feucht-kontinental, kältester Monat unter + 2°
- III T s sommertrocken, mehr als 2 aride Sommermonate
- III T w wintertrocken, mehr als 4 aride Wintermonate
- III S Waldsteppen- und Steppenklima
  Grenze bei { Winterregen N kleiner als 2 1/2 T; Sommerregen N kleiner als 2 1/2 (T + 14) }
- III W Kühles Wüstenklima, Winterregen N kleiner als T

IV Boreal
- IV a sommerkühl, wärmster Monat unter 20°
- IV b sommerwarm, wärmster Monat über 20°

IV S boreales Waldsteppen- und Steppenklima, Grenze wie bei III s

V Subpolar und polar

V Tundren- und Eisklimate

Eine andere Klimaklassifikation mit effektiven Wurzeln aber genetischen Differenzierungsmerkmalen ist die von CREUTZBURG (1950) in der Neubearbeitung von HABBE. Ausgehend vom Gang der Humidität, wie es auch die ersten Darstellungen von LAUER (1952) enthielten, gelang es, den jahreszeitlichen Rhythmus von Humidität und Aridität monatsweise nach der Formel von WANG (1941) und v. WISSMANN zu fassen und in strenger Zählweise zur globalen Klassifizierung nach feucht, halbfeucht, halbtrocken und trocken zu verwenden. Dieser Einteilung wurden später maritime und kontinentale Varianten eingefügt. Die Hauptgürtel sind thermischer Art:

Tropisch

Grenze: Gleichgewichtslinie zwischen Jahres- und Tagesschwankung nach C. TROLL

Subtropisch

Grenze: 1-Tag-Isochione (=Linie gleicher Schneedeckendauer) in 0 m NN, bzw. 6°-Isotherme des kühlsten Monats, bzw. (maritime Variante) 13°-Jahresisotherme

Gemäßigt

Grenze: 150-Tage-Isochione, bzw. (maritime Variante) 11°-Isotherme des wärmsten Monats, bzw. (kontinentale Variante) 18°-Isotherme des wärmsten Monats

Kalt

subpolar Grenze: 240-Tage-Isochione, bzw. (maritime Variante) 7°-Isotherme des wärmsten Monats

polar Grenze: 360-Tage-Isochione in 0 m NN

hochpolar

Das Gesamtbild der CREUTZBURGschen Einteilung sieht so aus:

	Tropisch	Subtropisch		Gemäßigt		Kalt	
						Subpolar Polar Hochpolar	
feucht	ständig feucht (10–12) ständig feucht mit kurzen Trockenzeiten (8–10)	ständig feucht (10–12) ständig feucht mit Sommer-maximum (8–10)	ständig feucht mit kurzen Trockenzeiten (8–10)	ständig feucht (10–12) ständig feucht mit Sommer-maximum (8–10)		feuchter	feuchter
halb-feucht	sommerfeucht (period. trok-ken) (5–9)	sommerfeucht (period. trocken) (5–9)	winterfeucht (period. trocken) (5–9)	sommerfeucht (period. trocken) (5–9)	ständig mäßig feucht mit Sommermaximum		
halb-trocken	kurz sommer-feucht (3–5)	kurz sommerfeucht (3–5)	kurz winterfeucht (3–5)	kurz sommerfeucht (3–5)	ständig schwach feucht	trockener	trockener
trocken	ständig trocken (0–3)	ständig trocken (0–3)	In Vorderindien: 2 Monate Monsun-niederschläge	ständig trocken (0–3)			

(3–5) = ungefähre Anzahl der humiden Monate

Eine Spitzenleistung der Gliederung nach der Feinheit der Differenzierung, verknüpft mit einer guten Übersichtlichkeit, stellt die Klimaklassifikation von TROLL (1964) und PAFFEN dar. Mit dem Schwergewicht auf dem Jahresgang liegend, sind Daten über Temperatur, Niederschlag, Vegetationsdauer, Humidität und Aridität ausgewertet worden. Bezugsbasis war in allen Klassifikationsebenen die Pflanzenwelt. Darüber hinaus kommt auch die große Asymmetrie von Nord- und Südhalbkugel insbesondere in den Subtropen und borealen Gürteln gut zum Ausdruck. Für den Ariditätsindex standen die LAUERschen (1952) Untersuchungen und Karten zur Verfügung. Es ist ein Wesensmerkmal solcher fein differenzierter Systeme, daß die Legende gerade der einzelnen Untertypen besonders umfangreich nach Grenz-, Schwellen- oder Andauerwerten ist. Diese Gefahr einer Unüberschaubarkeit, die damit auch Vergleiche erschwert, ist von TROLL und PAFFEN dadurch abgewendet worden, daß sie je Untertyp klare vegetationskundliche Ausdrücke eingesetzt haben. Gerade auch wegen dieser Doppelgleisigkeit ist diese Klassifizierung geographisch so wertvoll.

Unter Weglassung der für die einzelnen Untertypen benutzten Klimadaten – sie können in der Erläuterung von TROLL (1964) nachgelesen werden – soll die Gliederung hier aufgeschlüsselt werden:

I. Polare und subpolare Zonen
  1. Hochpolare Eisklimate: polare Eiswüsten
  2. Polare Klimate: polare Frostschuttzone
  3. Subarktische Tundrenklimate: Tundren
  4. Subpolare Gebiete von hoher Ozeanität: subpolares Tussock-Grasland und Moore

II. Kaltgemäßigte boreale Zone
  1. Ozeanische Borealklimate: Ozeanisch feuchte Nadelwälder
  2. Kontinentale Borealklimate: kontinentale Nadelwälder
  3. Hochkontinentale Borealklimate: hochkontinentale trockene Nadelwälder

III. Kühlgemäßigte Zonen
  Waldklimate:
  1. Hochozeanische Klimate: immergrüne Laub- und Mischwälder
  2. Ozeanische Klimate: ozeanische Fallaub- und Mischwälder
  3. Subozeanische Klimate: subozeanische Fallaub- und Mischwälder
  4. Subkontinentale Klimate: subkontinentale Fallaub- und Mischwälder
  5. Kontinentale, winterkalte und schwach wintertrockene Klimate: kontinentale Fallaub- und Mischwälder sowie Waldsteppen
  6. Hochkontinentale, winterkalte und wintertrockene Klimate: hochkontinentale Fallaub- und Mischwälder sowie Waldsteppen
  7. Sommerwarme und sommerfeuchte Klimate: wintertrockene und winterharte, wärmeliebende Fallaub- und Mischwälder sowie Waldsteppen

7a. Sommerwarme und sommertrockene Klimate: mild temperierte bis winterharte, wärmeliebende Trockenwälder und Waldsteppen
8. Sommerwarme, ständig feuchte Klimate: feuchte, wärmeliebende Fallaub- und Mischwälder

Steppen- und Wüstenklimate:
9. Winterkalte Feuchtsteppenklimate: kraut- und staudenreiche Hochgrassteppen
9a. Wintermilde Feuchtsteppenklimate
10. Winterkalte, sommerdürre Trockensteppenklimate: Kurzgras-, Zwergstrauch- und Dornsteppen
10a. Wintermilde, sommerdürre Trockensteppenklimate: Gras-, Zwergstrauch- und Dornsteppen
11. Winterkalte und wintertrockene, sommerfeuchte Steppenklimate: zentral- und ostasiatische Gras- und Zwergstrauchsteppen
12. Winterkalte Halbwüsten- und Wüstenklimate: winterkalte Halb- und Vollwüsten.
12a. Wintermilde Halbwüsten- und Wüstenklimate: wintermilde Halb- und Vollwüsten.

IV. Warmgemäßigte Zonen (Subtropen)
1. Winterfeucht-sommertrockene Klimate von mediterranem Typus: subtropische Hartlaub- und Nadelgehölze
2. Winterfeucht-sommerdürre Steppenklimate: subtropische Gras- und Strauchsteppen
3. Kurz sommerfeuchte und wintertrockene Steppenklimate: subtropische Dorn- und Sukkulentensteppen
4. Lang sommerfeuchte und wintertrockene Klimate: subtropische Kurzgrassteppen und hartlaubige Monsunwälder und -waldsteppen
5. Halbwüsten- und Wüstenklimate ohne strenge Winter: subtropische Halbwüsten und Vollwüsten
6. Ständig feuchte Graslandklimate der Südhemisphäre: subtropische Hochgrasfluren
7. Ständig feuchte und sommerheiße Klimate: subtropische Feuchtwälder (Lorbeer- und Nadelgehölze)

V. Tropenzone
1. Tropische Regenklimate: immergrüne tropische Regenwälder und halblaubwerfende Übergangswälder.
2. Tropisch-sommerhumide Feuchtklimate: regengrüne Feuchtwälder und feuchte Grassavannen
2a. Tropisch-winterhumide Feuchtklimate: halblaubwerfende Übergangswälder.
3. Wechselfeuchte Tropenklimate: regengrüne Trockenwälder und Trockensavannen
4. Tropische Trockenklimate: tropische Dorn-Sukkulenten-Wälder und -savannen.

4a. Tropische Trockenklimate (winterfeucht)
5. Tropische Halbwüsten- und Wüstenklimate: tropische Halb- und Vollwüsten.

Mit dieser Auswahl dürfte eine ausreichende Einführung in die Problematik der Klimaklassifikationen vorliegen. Die 1954 von KNOCH und SCHULZE veröffentlichte Sammlung über Klimaklassifikationen kann weitere Anregungen vermitteln.

Literatur

Es ist nur die Literatur ins Verzeichnis aufgenommen worden, auf die im Text durch Zitat oder in Abbildungen Bezug genommen wird. Dabei wurde der Stand vom Juni 1973 angestrebt. Mit Hilfe dieses Schrifttums sollte es möglich sein, die in manchen Teilbereichen der Klimageographie oft recht breite Forschungsbasis ganz zu erschließen.

Albrecht, F.: Monatskarten des Niederschlags und Monatskarten der Verdunstung und des Wasserhaushaltes des Indischen und Stillen Ozeans. – Ber. dtsch. Wetterdienst US-Zone, 1951.

Alissow, B.P.: Die Klimate der Erde. – Berlin, 1954.

– O.A. Drosdow und E.S. Rubinstein: Lehrbuch der Klimatologie. Dt. Übers. – Berlin, 1956.

Allen, C.W.: Solar radiation. – Quart. J. Roy. Meteor. Soc., 1958.

Andersen, B.G.: Deuterium variations related to snow pit stratigraphy in the Thiel Mountains, Antarctica. – Polarforschung 5, 1963.

Arakawa, H.: The formation of hurricanes in South Pacific and the outbreaks of cold air from the north polar region. – J. Meteor. Soc. Japan 18, 1940.

Bagnouls, F. und H. Gaussen: Saison sèche et indice xérothermique. – Documents pour les cartes des productions végétales. Bull. Soc. d'Hist. Nat. Toulouse, 1953.

Bartels, J.: Anschauliches über den statistischen Hintergrund der sogenannten Singularitäten im Jahresgang der Witterung. – Ann. Meteor. 1, 1948.

Baur, F.: Musterbeispiele europäischer Großwetterlagen. – Wiesbaden, 1947.

– Einführung in die Großwetterkunde. – Wiesbaden, 1948.

– Die jahreszeitliche und geographische Verteilung der blockierenden Hochdruckgebiete auf der Nordhalbkugel nördlich des 50. Breitenkreises im Zeitraum 1949–1957. – Idöjárás 62, 1958

– Großwetterkunde und langfristige Witterungsvorhersage. – Frankfurt a. Main, 1963.

Bemmelen, W. van: Land- und Seebrise in Batavia. – Beitr. Phys. fr. Atmosphäre 10, 1922

Bernhardt, F. und H. Philipps: Die räumliche und zeitliche Verteilung der Einstrahlung, der Ausstrahlung und der Strahlungsbilanz im Meeresniveau. Die Einstrahlung. – Abh. Meteor. Hydrol. Dienst DDR Nr. 15, 1958.

Bjerknes, J. und H. Solberg: Meteorological conditions for the formation of rain. – Geophys. Publ. II, 3, 1921.

Bögel, R.: Untersuchungen zum Jahresgang des mittleren geographischen Höhengradienten der Lufttemperatur in den verschiedenen Klimagebieten der Erde. – Ber. Dt. Wetterd. Nr. 26, 1956.

Blüthgen, J.: Geographie der winterlichen Kaltlufteinbrüche in Europa. – Arch. Dt. Seewarte 60, 6/7, 1940.
– Kaltlufteinbrüche im Winter des atlantischen Europa. – Geogr. Z. 48, 1942.
– Synoptische Klimageographie. – Geogr. Z. 53, 1965.
– Allgemeine Klimageographie. – Lehrbuch der Allg. Geographie (E.Obst als Herausgeber), Band II, Berlin, 1966[2]).
Bracht, J.: Über die Wärmeleitfähigkeit des Erdbodens und des Schnees und den Wärmeumsatz im Erdboden. – Veröff. Geophys. Inst. Leipzig 14, 3, 1949.
Brooks, Ch.F.: The use of clouds in forecasting. – In: Compendium of Meteorology. Boston/Mass., 1951.
– and T.M. Hunt: The zonal distribution of rainfall over the earth. – Mem. Roy. Meteor. Soc. 3, Nr. 28, 1930.
Brose, K.: Der jährliche Gang der Windgeschwindigkeit auf der Erde. – Wiss. Abh. Reichsamt Wetterd. I, 4, Berlin, 1936.
Brunnschweiler, D.H.: Die Luftmassen der Nordhemisphäre. Versuch einer genetischen Klimaklassifikation auf aerosomatischer Grundlage. – Geographica Helvetica 12, 1957.
Budyko, M.I.: Die Verdunstung unter natürlichen Bedingungen (russ.). – Leningrad, 1948.
– Atlas der Wärmebilanz (russ.). – Leningrad, 1955.
– The Heat Balance of the Earth's Surface. – Washington, D.C., 1958.
– and K.J. Kondratiev: The Heat Balance of the Earth. – In: Research in Geophysics II, 1964.
Bürger, K.: Zur Klimatologie der Großwetterlagen. Ein witterungsklimatologischer Beitrag. – Ber. Dt. Wetterd. Nr. 45, 1958.
Burchard, H. und G. Hoffmann: Beitrag zur Klima-Klassifizierung technischer Geräte. – Elektrotech. Z. 79, 1958.
Burckhardt, H. und H. Flohn: Die atmosphärischen Kondensationskerne in ihrer physikalischen, meteorologischen und bioklimatischen Bedeutung. – Abh. Geb. Bäder- u. Klimaheilkde. H. 3, Berlin, 1939.
Butzer, K.W.: Dynamic Climatology of large-scale European Circulation Patterns in the Mediterranean Area. – Meteor. Rdsch. 13, 1960.
Cannegieter, H.G.: Was lehren uns die Wolken? Eine Einführung in die Wetterkunde. – Bern, 1950.
Chromow, S.P.: Die geographische Verbreitung der Monsune. – Peterm. geogr. Mitt. 101, 1957.
Creutzburg, N.: Klima, Klimatypen und Klimakarten. – Peterm. geogr. Mitt., 94, 1950.
Critchfield, H.J.: General Climatology. – New York, 1960.
Defant, F.: Zur Theorie der Hangwinde, nebst Bemerkungen zur Theorie der Berg- und Talwinde. – Arch. Meteor., Geophys. Bioklimat. A, 1, 1949.
Diem, M.: Messungen der Größe von Wolkenelementen II. – Meteor. Rdsch. 1, 1948.
Mc.Donald, W.F.: Atlas of Climate Charts of the Oceans. – Washington, 1938.
Douglas, C.K.M.: The Problem of Rainfall. – Quart. J. Roy. Meteor. Soc. 60, 1934.

Dunn, G.E.: Tropical Cyclones. – In: Compendium of Meteorology. Boston/Mass., 1951.
Ekhart, E.: Die Tageszeitenwinde der Alpen. Eine Darstellung nach dem neuesten Stande unseres Wissens. – Naturwiss. 26, 1938.
– Die ganzjährige Periode des Luftdrucks auf der Nordhalbkugel. – Ann. Hydrogr. marit. Meteor. 68, 1940.
Estienne, P. und A. Godard: Climatologie. – Paris, 1970.
Flach, E.: Grundbegriffe und Grundtatsachen der Bioklimatologie. – Linkes Meteor. Taschenb. N.A.3, 1957.
Fletcher, R.D.: The General Circulation of the Tropical and Equatorial Atmosphere. – J. Meteor. 2, 1945.
Flohn, H.: Die allgemeine Zirkulation der Atmosphäre im Lichte neuerer aerologischer Beobachtungen. – Z. f. Erdkde. 12, 1944.
– Neue Anschauungen über die allgemeine Zirkulation der Atmosphäre und ihre klimatische Bedeutung. – Erdkde. 4, 1950.
– Studien zur allgemeinen Zirkulation der Atmosphäre. – Ber. Dt. Wetterd. US-Zone Nr. 18, 1950.
– Tropische und außertropische Monsunzirkulation. – Ber. Dt. Wetterd. US-Zone Nr. 18, 1950.
– Die Revision der Lehre vom Passatkreislauf. – Meteor. Rdsch. 6, 1953.
– Studien über die atmosphärische Zirkulation in der letzten Eiszeit. – Erdkde:, 1953.
– Witterung und Klima in Mitteleuropa. – Forsch. dt. Landeskde. 78, 1954².
– Der indische Sommermonsun als Glied der planetarischen Zirkulation der Atmosphäre. – Ber. Dt. Wetterd. Nr. 22, 1956.
– Zur Frage der Einteilung der Klimazonen. – Erdkde. 11, 1957.
– Luftmassen, Fronten und Strahlströme. – Meteor. Rdsch. 11, 1958.
– Probleme der Ausbreitung radioaktiven Aerosols in der Luft. – Wasser, Luft u. Betrieb 2, 1958.
– Zur Didaktik der allgemeinen Zirkulation der Atmosphäre. – Geogr. Rdsch. 5, 1953; 12, 1960.
– Investigations on the Tropical Easterly Jet. – Bonner Meteor. Abh. 4, 1964.
– Studies on the Meteorology of Tropical Africa. – Bonner Meteor. Abh. 5, 1965.
– und P. Hess: Großwettersingularitäten im jährlichen Witterungsverlauf Mitteleuropas. – Meteor. Rdsch. 2, 1949.
Flohn, H. und R.Penndorf: Die Stockwerke der Atmosphäre. – Meteor. Z. 59, 1942.
Frenzel, B.: Die Klimaschwankungen des Eiszeitalters. – Die Wissenschaft, 1967.
Frey, K.: Die Entwicklung des Süd- und des Nordföhns. – Arch. Meteor., Geophys. Bioklimat. A, 5, 1953.
Fritz, S.: The Albedo of the Planet Earth and of Clouds. – J.Meteor. 6, 1949.
Geiger, R.: Das Wasser in der Atmosphäre als Nebel und Niederschlag. – In: W.Ruhland: Handbuch d. Pflanzenphysiologie, Bd. 3: Pflanze u. Wasser. Berlin, Göttingen, Heidelberg 1956.

– Das Klima der bodennahen Luftschicht. Ein Lehrbuch der Mikroklimatologie. – Braunschweig, 1961.

Gentilli, J.: Air Masses of the Southern Hemisphere. – Weather 4, 1949.

– Die Ermittlung der möglichen Oberflächen- und Pflanzenverdunstung. – Erdkde. 7, 1953.

– A Geography of Climate. The Synoptic World Pattern. – Perth, 1958[2].

Gorczynski, W.: Sur le calcul du degré de continentalisme et son application dans la climatologie. – Geogr. Annaler 2, 1920.

Gressel, W.: Zur Klassifikation der Wetterentwicklung im Alpenraum von 1946 bis 1957. – Ber. Dt. Wetterd. Nr. 54, 1959.

Grisebach, A.: Über den Einfluß des Klimas auf die Begrenzung der natürlichen Floren. – Linnaea, 12, 1838.

Grober, K.W.: Die Bora und ihr landschaftsgestaltender Charakter. – Geogr. Rdsch. 13, 1961.

Grunow, J.: Der Niederschlag im Bergwald. Niederschlagszurückhaltung und Nebelzuschlag. – Forstwiss. Centralbl. 74, 1955.

– Snow Crystal Analysis as a Method of indirect Aerology. – Monogr. Amer. Geophys. Union No. 5, 1960.

– Die relative Globalstrahlung, eine Maßzahl der vergleichenden Strahlungsklimatologie. – Wetter u. Leben 13, 1961.

– Weltweite Messungen des Nebelniederschlags nach der Hohenpeißenberger Methode. – Publ. IUGG, IASH No. 65, 1964.

– Die Niederschlagszurückhaltung in einem Fichtenbestand am Hohenpeißenberg und ihre meßtechnische Erfassung. – Forstwiss. Centralbl. 84, 1965.

– und D. Huefner: Observations and Analysis of Snow Crystals for Proving the Suitability as Aerological Sonde. – Met. Obs. Hohenpeissenberg 1959 u. 1960.

Hann, J.v.: Meteorologische Aufsätze. – Sitzungsber. d. Kaiserl. Akad. d. Wiss., II. Abtlg., Berlin, 1875–1893.

– Handbuch der Klimatologie. – Stuttgart, 1893.

– und R. Süring (=Hann-Süring): Lehrbuch der Meteorologie (Erste Auflage von J.v. Hann 1901). – Leipzig 1939–1951[5].

Haude, W.: Über die Verwendung verschiedener Klimafaktoren zur Berechnung potentieller Evaporation und Evapotranspiration. – Meteor. Rdsch. 11, 1958.

Hellmann, G.: Über strenge Winter. – Sitz.-Ber. Pr. Akad. Wiss. Berlin, 1917.

Hempel, L.: Humide Höhenstufe in den Mediterranländern? – Feddes Repertorium. f. bot. Taxonomie und Geobotanik. Berlin, 1970.

Hendl, M.: Entwurf einer genetischen Klimaklassifikation auf Zirkulationsbasis. – Z. Meteor., 14, 1960.

– Einführung in die physikalische Klimatologie. II. Systematische Klimatologie. – Berlin, 1963.

– Studien über die Flächenausdehnung der Klimabereiche der Erde. I. Die Flächenausdehnung der Klimabereiche der Erde nach W. Köppen. – Wiss. Z. Humboldt-Univ. Berlin, Math.-Nat. R 13., 1964.

Hermes, K.: Die Lage der oberen Waldgrenze in den Gebirgen der Erde und ihr Abstand zur Schneegrenze. – Kölner Geogr. Arb., 5, 1955.

Hess, P. und H. Brezowsky: Katalog der Großwetterlagen Europas. – Ber. Dt. Wetterd. US-Zone Nr. 33, 1952.
Hettner, A.: Die Klimate der Erde. – Geogr. Schriften, Heft 5. Leipzig, Berlin, 1930.
Heyer, E.: Über Frostwechselzahlen in Luft und Boden. – Gerlands Beitr. Geophys. 52, 1938.
– Witterung und Klima. Eine allgemeine Klimatologie. – Leipzig, 1963.
Hiltner, E.: Die Phänologie und ihre Bedeutung. – Freising, 1926.
Hobbs, W.H.: The Greenland Glacial Anticyclone. – J. Meteor. 2, 1945.
Hoffmeister, J.: Singularitäten im jährlichen Gang der Niederschlagsmenge Nordwestdeutschlands. – Z. angew. Meteor./Wetter 51, 1934.
Hoinkes, H.: Beiträge zur Kenntnis des Gletscherwindes. – Arch. Meteor., Geoph. Bioklimat. B, 6, 1954.
Horton, R.E.: Rainfall Interception. – US Month. Weather Rev., 1919.
Houghton, H.G.: On the Annual Heat Balance of the Northern Hemisphere. – I. Meteor., 11, 1954.
Ivanov, N.N.: Belts of Continentality on the Globe. – Izwest. Wsesoj. Geogr. Obschtsch. 91, 1959.
Jätzold, R.: Die Dauer der ariden und humiden Zeiten des Jahres als Kriterium für Klimaklassifikationen. – In: Herm. v. Wissmann-Festschr., 1962.
Johnson, F.S.: The Solar Constant. – J. Meteor. 11, 1954.
Junge, C.: Nuclei of Atmospheric Condensation. – In: Compendium of Meteorology. Boston/Mass., 1951.
Klein, W.H.: Principal Tracks and Mean Frequencies of Cyclones and Anticyclones in the Northern Hemisphere. – U.S. Weather Bur. Res. Pap. 40, 1957.
Kletter, L.: Charakteristische Zirkulationstypen in mittleren Breiten der nördlichen Hemisphäre. – Arch. Meteor., Geophys. Bioklimat. A, 11, 1959.
– Die Aufeinanderfolge charakteristischer Zirkulationstypen in mittleren Breiten der nördlichen Hemisphäre. – Arch. Meteor., Geophys. Bioklimat. A, 13, 1962.
Knoch, K.: Betrachtungen zum Gange der Niederschläge in Deutschland. – Peterm. Geogr. Mitt. 90, 1944.
Knoch, K.: Problematik und Probleme der Kurortklimaforschung als Grundlage der Klimatherapie. – Mitt. Dt. Wetterd. Nr. 30, 1962.
– und A. Schulze: Methoden der Klimaklassifikation. – Peterm. Geogr. Mitt., Erg.-Heft 249, Gotha, 1954[2].
Koch, H.G.: Zum Begriff des Mittelgebirgsföhns. – Z. Meteor. 14, 1960.
Köppen, W.: Versuch einer Klassifikation der Klimate vorzugsweise nach ihren Beziehungen zur Pflanzenwelt. – Geogr. Z. 6, 1900.
– Klassifikation der Klimate nach Temperatur, Niederschlag und Jahreslauf. – Peterm. Geogr. Mitt. 64, 1918.
– Grundriß der Klimakunde. – Berlin, Leipzig, 1931[2].
– Das geographische System der Klimate. – In: Köppen-Geiger: Handbuch der Klimatologie. Bd. 1, Berlin, 1936.
– und R. Geiger: Handbuch der Klimatologie. 5 Bde. – Berlin 1930–1939.

Kofler, M.: Der tägliche Luftdruckgang. – Sitz.-Ber. Akad. Wiss. Wien, Math.-nat. Kl. II a. Bd. 142, 1938.
Koschmieder, H.: Über Tornados und Tromben. – Naturwiss. 25, 1937.
– Über Böen und Tromben. – Naturwiss. 33, 1946.
Kratzer, A.: Das Stadtklima. – Braunschweig, 1956².
Kuhlbrodt, E.: Jahreszeitlicher Gang des nordatlantischen Kernpassates. – Dt. Hydrogr. Z. 3, 1950.
Kuhnke, W.: Meteorologische Grundlagen einer medizin-meteorologischen Vorhersage. – Medizin-Meteor. H. Nr. 11, 1956.
Kupfer, E.: Entwurf einer Klimakarte auf genetischer Grundlage. – Z. f. d. Erdk.-Unterr. 6, 1954.
Lamb, H.H.: Types and Spells of Weather around the Year in the British Isles: Annual Trends, Seasonal Structure of the Year, Singularities. – Quart. J. Roy. Meteor. Soc. 76, 1950.
– South Polar Atmospheric Circulation and the Nourishment of the Antarctic Ice-Cap. – Meteor. Mag. 87, 1952
– The Southern Westerlies. A Preliminary Survey; Main Characteristics and Apparent Associations. – Quart. J. Roy. Meteor. Soc. 85, 1959.
– The Changing Climate. – Norwich, 1972².
Landsberg, H.: Atmospheric Condensation Nuclei. – Ergebn. kosm. Phys. 3, Leipzig, 1938.
– Die mittlere Wasserdampfverteilung auf der Erde. – Meteor. Rdsch. 17, 1964.
Lang, R.: Versuch einer exakten Klassifikation der Böden in klimatischer und geologischer Hinsicht. – Internat. Mitt. f. Bodenkde. 5, 1915.
Lange, G.: Die Calina - der Staubdunst des spanischen Sommers. – Arch. Meteor., Geophys. Bioklimat., B, 10, 1960.
Lauer, W.: Humide und aride Jahreszeiten in Afrika und Südamerika und ihre Beziehungen zu den Vegetationsgürteln. – Bonner Geogr. Abh. 9, 1952.
– L'indice xérothermique. – Erdkde., 1953.
Lauscher, F.: Beziehungen zwischen der Sonnenscheindauer und Sonnenstrahlungssummen für alle Zonen der Erde. – Meteor. Z. 51, 1934.
– Über die Verteilung der Windgeschwindigkeit auf der Erde. – Arch. Meteor., Geophys. Bioklimat. B, 2, 1951.
– Strahlungs- und Wärmehaushalt. – Ber. Dt. Wetterd. Nr. 22, 1956.
Lautensach, H.: Ist in Ostasien der Sommermonsun der Hauptniederschlagsbringer? – Erdkde. 3, 1949.
– Der hochsommerliche Monsun in Süd- und Ostasien und auf den angrenzenden Meeren. – Peterm. Geogr. Mitt. 94, 1950.
– Die Isanomalenkarte der Jahresschwankungen der Lufttemperatur. – Peterm. Geogr. Mitt. 96, 1952; 97, 1953.
– und R. Bögel.: Der Jahresgang des mittleren geographischen Höhengradienten der Lufttemperatur in den verschiedenen Klimagebieten der Erde. – Erdkde. 10, 1956.
Lembke, H.: Die mittleren absoluten Maximaltemperaturen in Europa und den Mittelmeerländern. – Erdkde. 1, 1947.
Löhle, F.: Sichtbeobachtungen vom meteorologischen Standpunkt. – Berlin, 1941.

Loewe, F.: Das grönländische Inlandeis nach neuen Feststellungen. – Erdkde., 1964.
Louis, H.: Der Bestrahlungsgang als Fundamentalerscheinung der geographischen Klimaunterscheidung. – Schlern-Schriften, Bd. 190 [Kinzl-Festschrift], Innsbruck, 1958.
Lundegardh, H.: Klima und Boden in ihrer Wirkung auf das Pflanzenleben. – Jena, 1954.
Maede, H.: Der Einfluß der Land-Meer-Verteilung in Mitteleuropa auf das Verhalten von Tiefdruckgebieten verschiedener Typen. – Z. Meteor. 8, 1954.
Marsh, A.: Smoke, the Problem of Coal and the Atmosphere. – London, 1947.
Martonne, E. de: Aréisme et indice d'aridité. – C. R. Acad. Sci. 182, II, Paris, 1926.
– Une nouvelle fonction climatologique: l'indice d'aridité. – Météorologie 2, 1926.
– Nouvelle carte mondiale de l'indice d'aridité. – Météorologie, 1941.
Meinardus, W.: Über einige bemerkenswerte Staubfälle in der letzten Zeit. – Das Wetter, 1903.
– Allgemeine Klimatologie. – In: Klute, F.: Handbuch der geographischen Wissenschaft. Physikalische Geographie. Potsdam, 1933.
– Eine neue Niederschlagskarte der Erde. – Peterm. Geogr. Mitt. 80, 1934.
– Die Areale der Niederschlagsstufen auf der Erde. – Peterm. Geogr. Mitt. 80, 1934.
Miller, A: Air Mass Climatology. – Geography 38, 1953.
Möller, F.: Vierteljahreskarten des Niederschlags für die ganze Erde. – Peterm. Geogr. Mitt. 95, 1951.
Moral, P.: Essai sur les régions pluviothermiques de l'Afrique de l'Ouest. – Ann. de Géogr. 73, 1964.
Palmen, E.: On the Formation and Structure of Tropical Hurricanes. – Geophysica, Helsinki, 1948.
Paschinger, V.: Die Schneegrenze in verschiedenen Klimaten. – Peterm. Geogr. Mitt., Erg.-Heft 173, 1912.
Péguy, C.P.: Précis de climatologie. – Paris, 1961
Penck, A.: Versuch einer Klimaklassifikation auf physiographischer Grundlage. – Berlin, 1910.
Penman, H.L.: Natural Evaporation from Open Water, Bare Soil and Grass. – Proc. Roy. Soc., 1948.
– Evaporation – an Introductory Survey. – Neth. J. Agr. Sci. 4, 1956.
Piel, E.: Die Veränderlichkeit der Jahressumme der Niederschläge auf der Erde. – Geogr. Jahresber. aus Österreich, 1929.
Reichel, E.: Hydrometeorologie. – Z. f. Meteorologie, 1947/48.
Reidat, R.: Der Jahresgang des Nebels in Deutschland. – Ann. Meteor. 1, 1948.
Reinel, H.: Die Zugbahnen der Hochdruckgebiete über Europa als klimatologisches Problem. – Mitt. Fränk. Geogr. Ges. 6, Erlangen, 1960.
Reinhold, F.: Regenspenden in Deutschland. – Berlin, 1940.
Reiter, E.R.: Meteorologie der Strahlströme (jet-streams). – Wien, 1961.

Rex, D.F.: Blocking Action in the Middle Troposphere and its Effect upon Regional Climate. – Tellus 2, 1950.
Riehl, H.: On the Formation of West Atlantic Hurricanes. – Dep. Meteor. Univ. Chicago, Misc. rep. Nr. 24, 1948.
– Aerology of Tropical Storms. – In: Compendium of Meteorology. Boston/Mass., 1951.
– Tropical Meteorology. – New York, 1954.
Rodewald, M.: Die Bahnen der tropischen Wirbelstürme. – Seewarte 19, 1958.
Rossmann, F.: Über die Physik der Tornados. – Meteor. Rdsch. 12, 1959.
Rougetet, E.: Le mistral dans les pleines du Rhône moyen entre Bas-Dauphiné et Provence. – Météorologie 6, 1930.
Rubin, M.J. und H. van Loon: Aspects of the Circulation of the Southern Hemisphere. – J. Meteor. 11, 1954.
Rumney, G.R.: Climatology and the World's Climates. – New York and London, 1968.
Sawyer, J.S.: The Structure of the Intertropical Front over NW-India during SW-Monsoon. – Quart. J. Roy. Meteor. Soc. 73, 1947.
Schamp, H.: Die Winde der Erde und ihre Namen. Regelmäßige, periodische und lokale Winde als Klimaelemente. Ein Katalog. – Erdkundl. Wissen, H. 8, Wiesbaden, 1964.
Scherhag, R.: Neue Methoden der Wetteranalyse und Wetterprognose. – Berlin, 1948.
– Einführung in die Klimatologie. Das geogr. Seminar. – Braunschweig, 1964[3].
Schmauss, A.: Synoptische Singularitäten. – Meteor. Z. 55, 1938.
Schneider-Carius, K.: Der Schichtenbau der Troposphäre. – Meteor. Rdsch. 1, 1947/48.
– Der aerologische Aufbau des ostasiatischen Monsuns. – Geofis. pura appl. 14, 1949.
– Die Bedeutung des Schichtenbaues der Troposphäre für die Aufstellung von Wolkensystemen. – Arch. Meteor. Geophys. Bioklimat. A, 2, 1950.
– Monsun und Monsunzirkulationen. – Forsch. u. Fortschr. 26, 1950.
– Die Grundschicht der Atmosphäre. – Leipzig, 1953.
Schnelle, F.: Einführung in die Probleme der Agrarmeteorologie. – Stuttgart, 1948.
– Methoden und Möglichkeiten einer phänologischen Klimatologie. – Ann. Meteor. 4, 1951.
– Pflanzenphänologie. – Leipzig, 1955.
Schrepfer, H.: Die Kontinentalität des deutschen Klimas. – Peterm. Geogr. Mitt. 71, 1925.
Schulze, A.: Die Zusammenhänge zwischen Niederschlag, Verdunstung und Abfluß. – Ztschr. f. Meteorol., 1951.
Schulze, R.: Zum Strahlungsklima der Erde. – Arch. Meteor., Geophys. Bioklimat. B, 12, 1963.
Schweigger, E.: Der Perustrom nach zwölfjährigen Beobachtungen. – Erdkde., 1949.
Schwerdtfeger, W. und F. Prohaska: Der Jahresgang des Luftdrucks auf der Erde und seine halbjährige Komponente. – Meteor. Rdsch. 9, 1956.

Simpson, G.C.: The Distribution of Terrestrial Radiation. – Mem. Roy. Meteor. Soc. III, 23, 1929.
Sivall, T.: Sirocco in the Levant. – Geogr. Ann. 39, 1957.
Steinhauser, F.: Die mittlere Trübung der Luft an verschiedenen Orten, beurteilt nach Linkeschen Trübungsfaktoren. – Gerlands Beitr. Geophys. 42, 1934.
Stüve, G.: Thermodynamik der Atmosphäre. Dynamik der Atmosphäre. Die atmosphärischen Zirkulationen. – In: Handb. d. Geophys. Bd. 9, Lfg. 2, 1937.
Süring, R.: Die Wolken. – Probl. kosm. Phys. 16, Leipzig, 1950[3].
Száva-Kováts, J.: Klimasystem der Feuchtigkeit. – Peterm. Geogr. Mitt. 86, 1940.
Tannehill, I.R.: Hurricanes, their Nature and History. – Princeton, 1959.
Thraen, A.: Der Niederschlag in Europa nach Jahreszeiten aufgrund 84-jähriger Beobachtungen (1851–1934). – Z. angew. Meteor./Wetter 53, 1936.
Thornthwaite, C.W.: The Climates of North America according to a New Classification. – Geogr. Rev. 21, 1931.
– and J.R. Mather: The Role of Evapo-Transpiration in Climate. – Arch. Meteor., Geophys. Bioklimat. B, 3, 1951.
Trewartha, G.T.: An Introduction to Climate. – New York, London, 1954.
– The Earth's Problem Climates. – Madison, 1961.
Troll, C.: Büßerschnee (Nieve de los Penitentes) in den Hochgebirgen der Erde. – Peterm. Geogr. Mitt., Erg.-Heft 240, 1942.
– Die Frostwechselhäufigkeit in den Luft- und Bodenklimaten der Erde. – Meteor. Z. 60, 1943.
– Der subnivale und periglaziale Zyklus der Denudation. – Erdkde., 1948.
– Die Klimatypen an der Schneegrenze. – Act. IV. Congr. Int. Quat. Rom, 1953.
– Der Klima- und Vegetationsaufbau der Erde im Lichte neuerer Forschung. – Akad. Wiss. u. Lit. Mainz, 1956.
– Die tropischen Gebirge. Ihre dreidimensionale klimatische und pflanzengeographische Zonierung. – Bonner Geogr. Abh., 25, 1959.
– Karte der Jahreszeitenklimate der Erde. – Erdkde. 18, 1964.
Undt, W.: Meteorologie des Föhns. Mit besonderer Berücksichtigung der Medizin-Meteorologie. – Medizin-meteor. H. 13, 1958.
Ungeheuer, H.: Ein meteorologischer Beitrag zu Grundproblemen der Medizin-Meteorologie. – Ber. Dt. Wetterd. Nr. 16, 1955.
Walter, H.: Die Klima-Diagramme als Mittel zur Beurteilung der Klimaverhältnisse für ökologische, vegetationskundliche und landwirtschaftliche Zwecke. – Ber. d. dt. Botan. Ges., 1955.
– Klima-Diagramme als Grundlage zur Feststellung von Dürrezeiten. – Wasser u. Nahrung, 1956/57.
– und H. Lieth: Klimadiagramm-Weltatlas. – Jena, 1960.
Wang, T.: Die Dauer der ariden, humiden und nivalen Zeiten des Jahres in China. – Tüb. Geogr. und Geol. Abh., 1941.
Wedemeyer, K.: Der Mistral Südfrankreichs. – Diss. Köln, 1933.
Weickmann, H.: Formen und Bildung atmosphärischer Eiskristalle. – Beitr. Phys. fr. Atmosph. 28, 1945.

Weischet, W.: Die Geländeklimate der Niederrheinischen Bucht und ihrer Rahmenlandschaften. Eine geographische Analyse subregionaler Klimadifferenzierungen. – Münchener Geogr. Hefte 8, 1955.
– Die räumliche Differenzierung klimatologischer Betrachtungsweisen. Ein Vorschlag zur Gliederung der Klimatologie und zu ihrer Nomenklatur. – Erdkde. 10, 1956.
– Grundvoraussetzungen, Bestimmungsmerkmale und klimatologische Aussagemöglichkeit von Baumkronendeformationen. – Freiburger Geogr. Hefte 1, 1963.
Wissmann, H.v.: Die Klima- und Vegetationsgebiete Eurasiens. – Z. Ges. Erdk. Berlin, 1939.
Wüst, G.: Verdunstung und Niederschlag auf der Erde. – Z. Ges. Erdk. Berlin, 1922.
Zenker, W.: Die Verteilung der Wärme auf der Erdoberfläche. – Berlin, 1888.